大中型水电站运行检修系列

大中型水电机组现场检修管理

国网浙江紧水滩电厂 组编

中国电力出版社
CHINA ELECTRIC POWER PRESS

内 容 提 要

本书以电力项目管理理论为基础，结合水电机组检修管理实践，介绍了大中型水电机组现场检修管理相关要求和方法。本书围绕常规水电站发电机组检修项目现场管理人员需要掌握哪些知识与本领、如何管理好项目、怎样带好队伍等方面进行详细论述，介绍了水电机组现场检修中关于安全、进度、质量、职业健康、环境等管理理论、标准及规定。

全书共分五章，内容分别为：水电机组项目管理概述、水电机组进度管理、水电机组项目质量管理、水电机组现场检修的安全管理、职业健康与环境管理。

本书可作为大中型水电厂现场检修管理的培训教材，也可供相关检修人员学习参考。

图书在版编目（CIP）数据

大中型水电机组现场检修管理/国网浙江紧水滩电厂组编 .—北京：中国电力出版社，2023.4
（大中型水电站运行检修系列）
ISBN 978-7-5198-7492-6

Ⅰ.①大… Ⅱ.①国… Ⅲ.①水轮发电机-发电机组-检修 Ⅳ.①TM312.07

中国国家版本馆 CIP 数据核字（2023）第 010993 号

出版发行：中国电力出版社
地　　址：北京市东城区北京站西街 19 号（邮政编码 100005）
网　　址：http：//www.cepp.sgcc.com.cn
责任编辑：崔素媛（010-63412392）
责任校对：黄 蓓　马 宁
装帧设计：赵姗姗
责任印制：杨晓东

印　　刷：三河市百盛印装有限公司
版　　次：2023 年 4 月第一版
印　　次：2023 年 4 月北京第一次印刷
开　　本：710 毫米×1000 毫米 特 16 开本
印　　张：11.25
字　　数：194 千字
定　　价：56.00 元

版 权 专 有　侵 权 必 究

本书如有印装质量问题，我社营销中心负责退换

编委会

主　任　杨松伟　王　涛
委　员　张　巍　施　峻　杨　聊　王文廷　项兴华
　　　　　吴华华　张长伟　吕晓勇　杨敏芝　束炳芳
　　　　　罗　俊　邵广俊　方　强　朱悦林　李　佳
　　　　　吕仲成

编写组

主　编　项兴华
参　编　陶一军　顾平良　王　宁　吴建新　胡志明
　　　　　吕晓勇　周昌炜　李德红　陆建峰　李　佳
　　　　　吕仲成

前　言

电力工程项目是为达到预期的能源电力和需求目标，投入一定量的资金，按照国家的法律法规，在一定的技术条件下，经过决策与实施的必要建设程序从而形成能源电力装备和生产系统的一次性事业。电力工程包含的范围为火力、水力、核能、地热能、太阳能、风能、潮汐能等电力设备检修项目管理。水电机组的检修只是电力工程项目中极小的一部分，水电机组的现场检修管理有其自身特点。本书结合电力工程项目管理、国家法律法规、国家电网公司相关规定，梳理了水电机组现场检修中关于安全、进度、质量、职业健康、环境等管理理论、标准及规定，形成了具有水电站水电机组现场管理特点的培训教材，以实现针对性培训，提高培训质效。

本书具有通俗性、实用性及规范性等特点。其中通俗性表现在其内容文字通俗易懂、贴近水电站机组检修实际，引用标准、运用现场图片等形式进行辅助说明，确保检修人员能看懂、能读懂、能掌握，易于被员工所接受，可以作为水电机组现场检修管理的工具书；实用性表现在其内容适应当前水电站现场检修工作要求，汇编水电站机组现场检修管理关于安全、进度、质量、职业健康、文明生产等理论、标准及规定，可应用于培训，实用性强；规范性表现在其内容严格对照国家法律法规、国家电网公司相关规章制度、技术规范标准等，并由国网紧水滩电厂具有丰富管理经验和一线实践经验的人员进行数次审核。

本书内容包括水电机组项目管理概述、水电机组进度管理、水电机组项目质量管理、水电机组现场检修的安全管理、职业健康与环境管理五章。

（1）概述。介绍水电机组检修施工特点，水电站机组检修内容，阐述水电机组检修项目管理目标和任务，水电机组现场管理实施。

（2）进度管理。介绍项目进度计划概念、分类、目标、里程碑关键点、编制依据、流水检修、横道图等。阐述网络计划概念及说明、网络计划的特征、应用。明确进度计划控制、实施、控制措施及调整。

（3）质量管理。介绍质量管理的含义、原则、基础性工作。阐述项目质量控制目标、基本原理、质量控制。明确项目竣工质量验收的内容、程序和文档资料验收移交。论述工程质量统计原理与方法。

（4）安全管理。介绍新进工人安全生产须知、现场安全措施、十不干和十条禁令。明确施工现场安全标准化管理、水电机组检修项目安全管理体系。

（5）职业健康与环境管理。阐述水电机组现场检修职业健康管理定义、事故分类及处理。提出职业健康安全事故预防，水电检修现场常用防护措施。明确文明施工的概念、组织与管理，安全文明施工设施布设标准。

本书第一章由顾平良编写，第二章由王宁编写，第三章由吴建新编写，第四章由胡志明编写，第五章由陶一军编写。本书可作为水电检修管理实施的操作手册，书中提供的各种参照范本可作为检修管理体系的参照范例和工具。也可作为水电检修管理人员进行自我管理及自我提升的工具书。

因编者水平和时间所限，书中若有疏漏不当之处，敬请广大读者提出宝贵意见。

编　者

2022 年 12 月

目 录

前言

第一章 水电机组项目管理概述 ………………………………… 1
第一节 水电机组检修施工特点 ………………………………… 1
第二节 水电站机组检修 ………………………………………… 15
第三节 水电机组检修项目管理目标和任务 …………………… 31
第四节 水电机组现场管理实施 ………………………………… 38

第二章 水电机组进度管理 ……………………………………… 47
第一节 项目进度计划 …………………………………………… 47
第二节 网络进度编写及控制 …………………………………… 61
第三节 进度计划的实施与调整 ………………………………… 65

第三章 水电机组项目质量管理 ………………………………… 73
第一节 项目质量管理原则和基础工作 ………………………… 73
第二节 项目质量控制 …………………………………………… 77
第三节 项目竣工质量验收 ……………………………………… 86
第四节 工程质量统计方法 ……………………………………… 90

第四章 水电机组现场检修的安全管理 ………………………… 98
第一节 施工现场安全生产基本要求 …………………………… 99
第二节 施工现场安全标准化管理 ……………………………… 111
第三节 水电机组检修项目安全管理体系 ……………………… 113

第五章 职业健康与环境管理 …………………………………… 126
第一节 水电机组检修项目职业健康管理 ……………………… 126

第二节　职业健康安全事故分类、处理及预防 ················ 135
第三节　安全文明施工管理 ·································· 147

参考文献 ·· 171

大中型水电站运行检修系列

第一章

水电机组项目管理概述

本章主要从常规水电站与抽水蓄能电站的水力机组结构型式出发，归纳水力发电机组（抽水发电机组）的主要结构型式，分析水力机组所需要检修的部件，检修部件、设备采取的方式、方法、工艺及措施，所需要材料、人力等资源，从而导出水电机组项目现场管理的内容。

第一节 水电机组检修施工特点

一、水轮机结构

水轮发电机组是指由水轮机和发电机组成的整体，它是水电站中最重要的主动力设备，在机组安装之前，必须先了解水轮机与发电机的整体结构。

从大的方面来看，同种类型水轮机的组成部件基本相同，但各种类型水轮机由于布置方式、水头高低及单机容量的大小等因素的影响，它们的结构又有不同程度的差异，对安装顺序、安装方法和安装技术质量的要求也有差异。反击式水轮机目前应用最为广泛，其结构形式主要由转动部分、固定部分及埋入部分三大部分组成。

（1）转动部分。主要包括转轮、主轴及其附件。

（2）固定部分。主要包括顶盖、底环、导水机构、轴承、主轴密封，以及其他附属设备（包括紧急真空破坏阀、尾水管十字补气架或补气管、各种测压管路、测温装置、信号装置）等。

(3) 埋入部分。主要包括座环、基础环或轴流式水轮机转轮室、水轮机室里衬、尾水管里衬、蜗壳、埋设管道等（这些部件埋入混凝土中，由混凝土结构来固定和支撑）。

1. 混流式机组

某立轴混流式水轮机的总体结构如图 1-1 所示，其中蜗壳、尾水管未全部画出。转轮 4 位于水轮机的中心，上部与主轴 16 连接，带动发电机转动；下部与尾水管 5 相连，将水排至下游；转轮外围均匀布置导水机构，水流经蜗壳 1→固定导叶 2→活动导叶 3→转轮 4→尾水管 5；活动导叶有 3 个轴颈，下轴颈支承在底环 21 的轴承孔内，上轴颈和中轴颈通过套筒 7 装在顶盖 6 上，并伸出顶盖与导叶传动机构相连；底环侧面与转轮下环配合止漏，底环上端面与活动导叶下

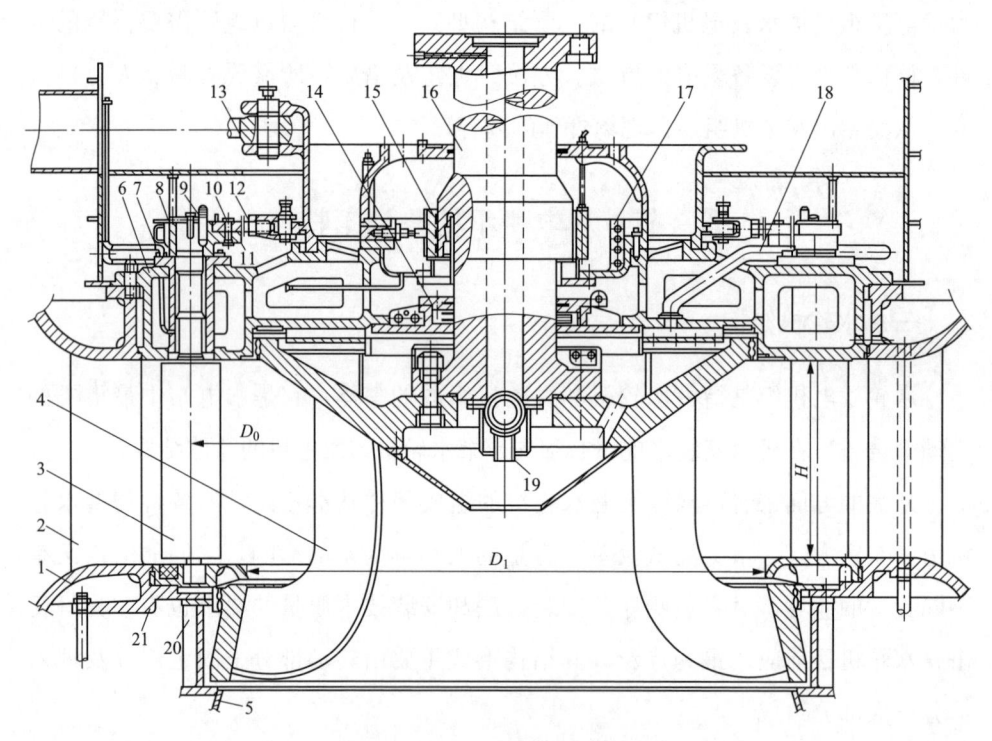

图 1-1 混流式水轮机总体结构

1—座环蝶形边（蜗壳）；2—固定导叶；3—活动导叶；4—转轮；5—尾水管；6—顶盖；
7—上轴套；8—连接板；9—分半键；10—剪断销；11—拐臂；12—连杆；13—控制环；
14—主轴密封装置；15—水轮机导轴承；16—主轴；17—水导油冷却器；18—顶盖排水管；
19—主轴补气装置；20—基础环；21—底环

端面配合止漏，在底环孔的底部用螺栓柱销分别与基础环 20 定位连接；顶盖用螺栓固定于座环 1 的上环上，盖住转轮和导叶 3；导叶传动机构由接力器（图中未画）、控制环 13、连杆 12、拐臂 11、连接板 8 构成，拐臂 11 套在导叶上轴颈上，两者之间用分半键 9 固定，拐臂与连接板由剪断销 10 连成一体，连杆两端分别与连接板和控制环相连，控制环支撑在支座上，支座固定于顶盖 6 上，接力器通过推拉杆带动控制环转动，控制环的转动依次传递到连杆→连接板→拐臂→活动导叶上，控制导叶开度的大小；座环四周与蜗壳相连，下部与基础环相连，基础环下部连接尾水管里衬；主轴穿过顶盖，由装在顶盖内法兰上的导轴承 15 来保持旋转轴线不变，此外还有主轴密封装置 14、水导油冷却器 17、顶盖排水管 18、主轴补气装置 19 等。

2. 轴流式机组

轴流式水轮机一般采用立轴装置，与混流式相比，结构上最明显的差别是转轮，其他过流部件大体相近。轴流式水轮机包括转桨式和定桨式两种。定桨式转轮结构较简单，下面主要介绍转桨式转轮的结构。

轴流转桨式水轮机总体结构如图 1-2 所示，轴流转桨式转轮主要由叶片、转轮体（也称轮毂）、叶片转动操作机构和泄水锥等组成，其中叶片转动操作机构较为复杂。

（1）转轮体。转桨式的转轮体外形多为球面，这样能使转轮体与叶片内缘之间在各种转角下都能保持较小的间隙，转轮体内要安装叶片转动操作机构。

（2）叶片。叶片通过悬臂固定在转轮体上，水轮机运转时受力最大的位置在叶片根部（轮载端），所以叶片根部较厚，越向叶片边缘越薄。叶片数与应用水头有关，水头高，则叶片增多。转桨式转轮叶片的末端有一枢轴（枢轴和叶片可做成整体或组合的结构）插入转轮体相应的孔中，与操作机构的转臂相连。当负荷变化时，操作机构带动叶片作相应的旋转，以适应工况变化。

3. 抽水蓄能电站水泵水轮机

目前抽水蓄能电站比较常用的机组是混流式水泵水轮机，其总体结构如图 1-3 所示。混流式水泵水轮机应用较为广泛，但其与常规的混流式水轮机差别不大，故不再做特别的说明。另一种是斜流式水泵水轮机，结构上与轴流转桨式水轮机相近，目前使用得不多。

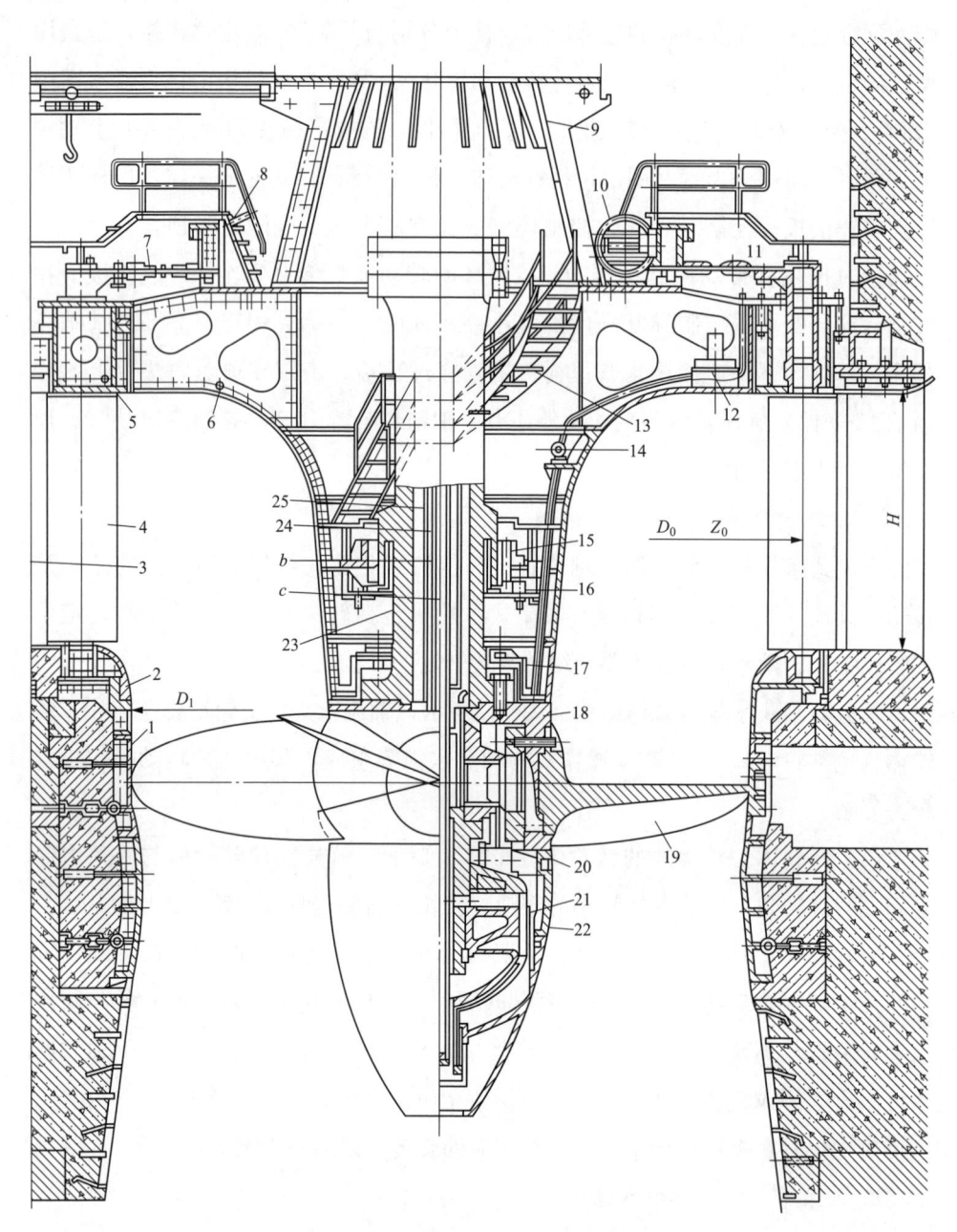

图 1-2 轴流转桨式水轮机总体结构

1—转轮室；2—底环；3—固定导叶；4—活动导叶；5—顶盖；6—支持盖；7—连杆；8—控制环；9—轴承支架；10—接力器；11—安全销；12—真空破坏阀；13—扶梯；14—排水泵；15—水轮机导轴承；16—冷却器；17—轴承密封；18—转轮体；19—轮叶；20—轮叶连杆；21—轮叶接力器活塞；22—泄水锥；23—主轴；24、25—操作油管

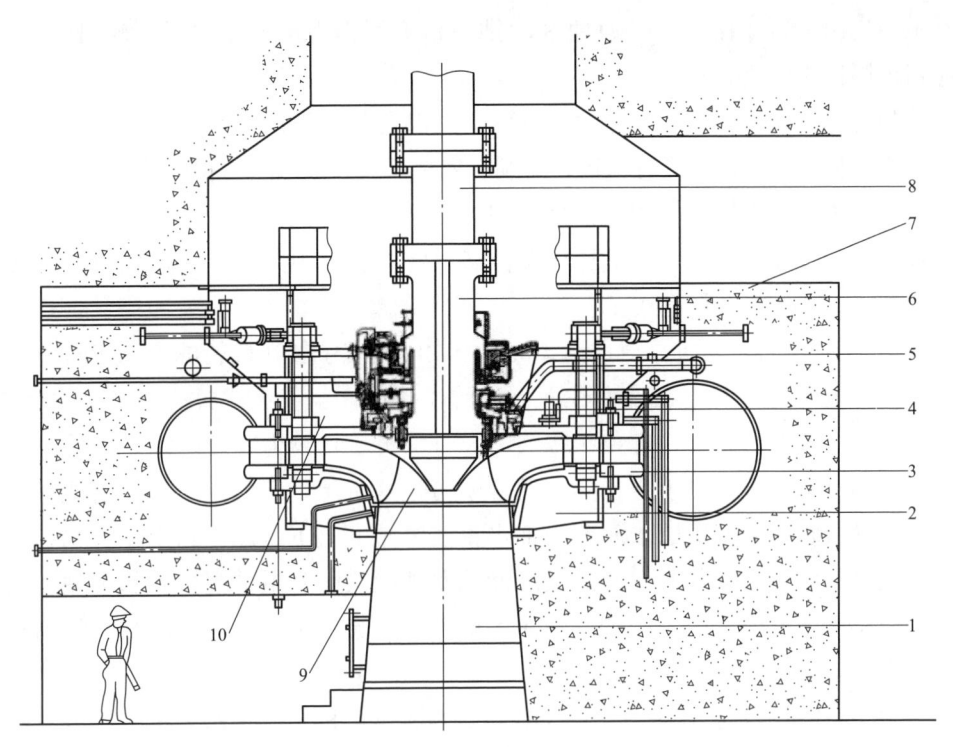

图 1-3　混流式水泵水轮机总体结构

1—锥管；2—基础环；3—座环；4—密封；5—导轴承；6—主轴；
7—机坑；8—中间轴；9—转轮；10—导水机构

4. 贯流式机组

贯流式水轮机是一种卧轴式水轮机，即水流在流道内基本上沿着水平轴向运动。贯流式水轮机是低水头、大流量水电站的一种专用机型，主要适用于1～25m的水头，由于其水流在流道内基本上沿轴向运动，不转弯，因此机组的过水能力和水力效率能有所提高。

(1) 贯流式机组的特点。

1) 从进水到出水方向轴向贯通形状简单，过流通道的水力损失减小，施工方便，贯流式机组效率较高，其尾水管恢复功能可占总水头的40%以上。

2) 贯流式机组有较高的过滤能力和比转速，所以在水头与功率相同的条件下，贯流式的要比转桨式的直径小10%左右。

3) 贯流式水轮机适合做可逆式水泵水轮机运行，由于进出水流道没有急转弯，使水泵工况和水轮机工况均能获得较好的水力性能。如应用于潮汐电站上可具有双向发电、双向抽水及双向泄水等6种功能，很适合综合开发利用低水头水力资源，另外在一般平原地区的排灌站上可作为可逆式水泵水轮机运行，应用范围比较广泛。

4）贯流式水电站一般比立轴的轴流式水电站建设周期短、投资小、收效快、淹没移民少，电站靠近城镇，有利于发挥地区兴建电站的积极性。

（2）贯流式水轮机类型。根据结构特点和布置形式，贯流式水轮机可分为全贯流式和半贯流式两种，其适用范围各不相同。其中半贯流式水轮机又可分为竖井式、轴伸式及灯泡式。

1）全贯流式水轮机。全贯流式机组把发电机转子装在旋转的水轮机转轮轮缘上，发电机定子固定在流道外面周围的支承上。全贯流式机组转动惯量大，能保证机组的稳定运行，避免频率波动，对水头变化较为频繁的潮汐电站更为有利。同时其流道和机组布置形式适合于可逆式机组，还可用于抽水蓄能，将径流式梯级电站的上下游水库作为抽水蓄能电站的上下水库，利用原有水工建筑和机电设备就可将普通电站建成既能抽水蓄能又能发电的混合式水电站，提高径流电站在电力系统中的补偿作用；也可将贯流式机组用于排灌站，收到排水发电的双重效益。

2）竖井贯流式。这种机组的主要特点是将发电机布置在水轮机上游侧的一个混凝土竖井中，通过齿轮或皮带等增速装置将发电机与水轮机连接在一起。竖井贯流式水轮机组除具有一般贯流式水轮机的优点外，因发电机和增速装置布置在开敞的竖井内，还具有通风、防潮条件良好，运行和维护方便，机组结构简单，造价低廉等优点。这种机组的缺点为因竖井的存在把进水流道分成两侧进水，增加了引水流道的水力损失，一般竖井式机组的水力效率比灯泡式的要降低3%左右，如果要作为反向发电，其效率下降更多。单机容量较大时，一般不采用此种机组，以采用灯泡贯流式机组为宜。

3）轴伸贯流式。这种机组基本上采用卧式布置，水流基本上沿轴向流经叶片的进出口，出叶片后，经弯形（或称S形）尾水管流出，水轮机卧式轴穿出尾水管与发电机大轴连接，发电机水平布置在厂房内。轴伸贯流式机组按主轴布置方式可分成前轴伸、后轴伸和斜轴伸等几种。与轴流式相比，轴伸贯流式水轮机组没有蜗壳、肘形尾水管，土建工程量小，发电机敞开布置，易于检修、运行和维护。但这种机组由于采用直弯尾水管，尾水能量回收效率较低，机组容量大时不仅效率差，而且轴线较长、轴封困难、厂房噪声大，给运行检修带来不便，所以一般只用于小型机组。轴伸贯流式水轮机组剖面如图1-4所示。

4）灯泡贯流式水轮机。灯泡贯流式水轮机组的发电机密封安装在水轮机上

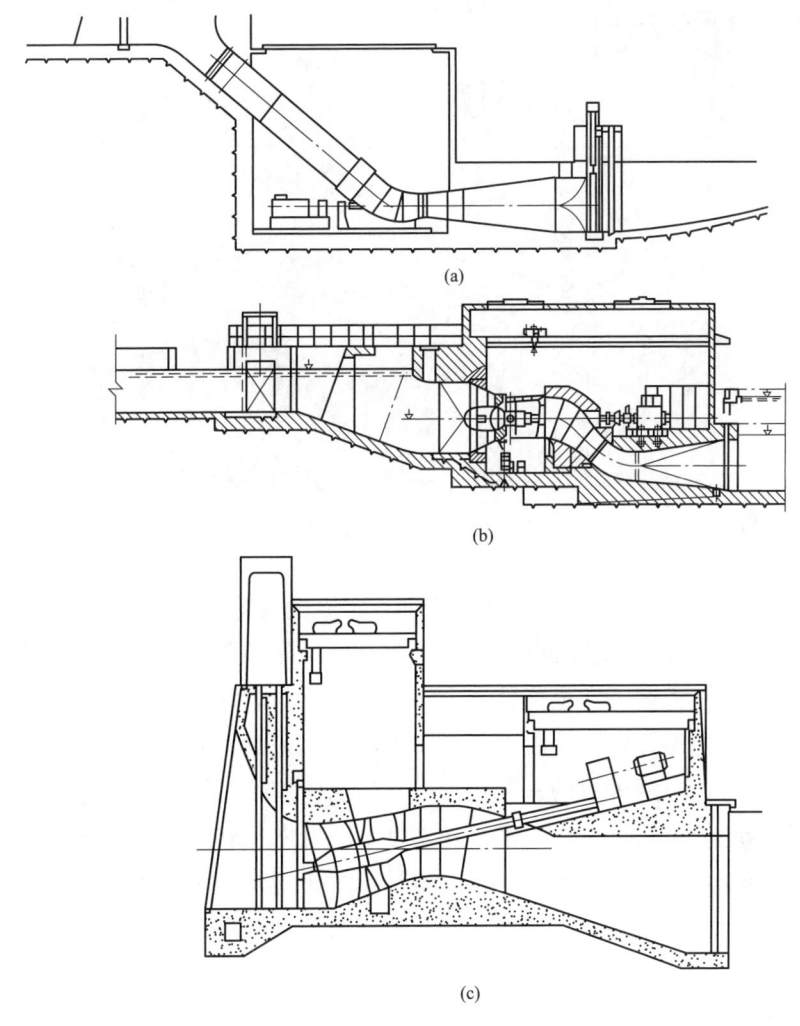

图 1-4 轴伸贯流式水轮机组剖面
(a) 前伸轴；(b) 后伸轴；(c) 斜伸轴

游侧一个灯泡型的金属壳体中，发电机水平方向安装，发动机主轴直接连接水轮机转轮。灯泡贯流式水轮机组的水轮机部分由转轮室、导叶机构、转轮、尾水管组成；发电机轴直接连接到转轮，一同安装在钢制灯泡外壳上，发电机在灯泡壳内，转轮在灯泡尾端，发电机轴承通过轴承支持环固定在灯泡外壳上，转轮端轴承固定在灯泡尾端外壳上，发电机轴前端连接到电机滑环与转轮变桨控制的油路装置。钢制灯泡通过上支柱、下支柱固定在混凝土基础中，上支柱也是人员出入灯泡的通道。灯泡贯流式水轮机结构如图 1-5 所示。

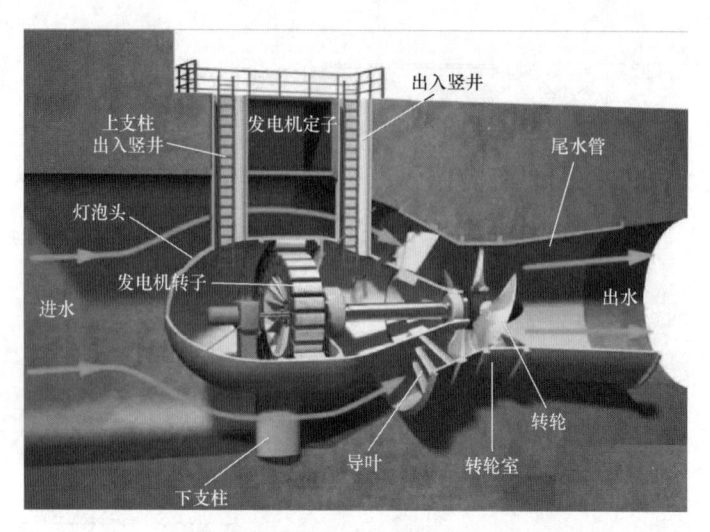

图1-5 灯泡贯流式水轮机结构

图1-5中，蓝色箭头线表示水流走向，水流进入后从灯泡周围均匀通过到达转轮，推动转轮旋转做功后由尾水管排出。通过导叶角度与转轮叶片角度的调整配合可使水轮机运行在最优状态。灯泡贯流式水轮机组具有结构紧凑、稳定性好、效率较高等优点，适用于低水头大中型水电站。灯泡贯流式机组是当前广泛应用于大、中型机组的一种机型，其过水流道是轴向的或略微倾斜的。灯泡体位于水轮机转轮上游，导水机构是锥形。发电机转子直接耦合在水轮机轴上，水轮机轴由两个导轴承支持。灯泡贯流式机组以较低的转速运行，大型机组的转速是70～125r/min。灯泡贯流式机组唯一的限制是部件制造和运输条件的限制。

5. 冲击式水轮机

冲击式水轮机是借助于特殊导水机构引出具有动能的自由射流，冲向转轮水斗，使转轮旋转做功，从而完成将水能转换成机械能的一种水力原动机。冲击式水轮机适用于高水头、小流量的电站，它将来自压力管道的水，经喷嘴后转换为高速射流，切向冲击转轮，推动转轮旋转，从而带动发电机转子转动发电。在冲击式水轮机中，以工作射流与转轮相对位置和做工次数的不同，可分为切击式水轮机、斜击式水轮机和双击式水轮机。冲击式水轮机结构如图1-6所示。

理论分析证明，当水斗节圆处的圆周速度约为射流速度的一半时，效率最高。这种水轮机在负荷发生变化时，转轮的进水速度方向不变，加之这类水轮

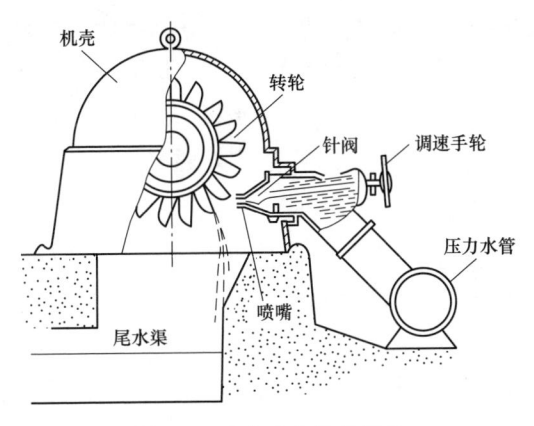

图1-6 冲击式水轮机结构

机都用于高水头电站，水头变化相对较小，速度变化不大，因而效率受负荷变化的影响较小，效率曲线比较平缓，最高效率超过91%。

二、水轮发电机

1. 水轮发电机基本知识

与水轮机配套使用的发电机称为水轮发电机。在结构上水轮发电机是一种凸极式三相同步发电机，其磁极一个个地挂在磁轭外圆上并凸出在外。由于水轮机的转速较低，要发出工频电能，相应的发电机的极数就比较多，做成凸极式在结构工艺上比较简单，其工作原理如图1-7所示。外圈静止部分为水轮发电

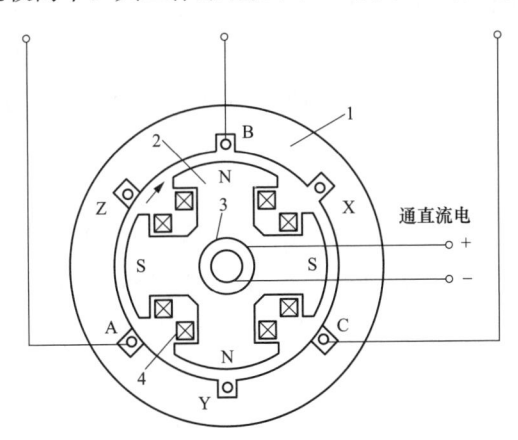

图1-7 凸极式水轮发电机工作原理
1—定子；2—凸极转子；3—滑环；4—励磁绕组

机定子，它主要由机座、铁心和电枢绕组等组成，铁心是硅钢片叠装而成的，在铁心部分开有槽，槽内安放3个绕组（A-X、B-Y、C-Z）代表三相定子绕组；内圈部分为水轮发电机凸极转子，主要由磁极、励磁绕组（转子绕组）和转轴等组成。将直流电流引进励磁绕组后将会建立磁场（该磁场对转子来说是恒定的），当水轮机拖动发电机转子旋转时，旋转的转子磁场切割定子铁心内的导线，在定子绕组中就会产生三相感应电动势，当电枢绕组与外界三相对称负载接通时，定子绕组内将产生交流电流。

2. 水轮发电机的类型

（1）卧式和立式。按水轮发电机转轴布置的方式不同，可分为卧式和立式两种。通常小容量（单机容量小于1MW）的水轮发电机一般采用卧式，适合配用混流式、贯流式、冲击式水轮机；中等容量的两种皆可；大容量的则广泛采用立式结构，适合配用混流式和轴流式水轮机。水轮发电机的结构型式在很大程度上与水轮机的特性和类型有关。

（2）悬式与伞式。对于立式机组，根据推力轴承位置的不同又分为悬式水轮发电机和伞式水轮发电机。

1）悬式水轮发电机是指把推力轴承布置在转子上部的型式，把整个机组转动部分悬挂起来，一般适用于高中速（转速在100r/min以上）水轮发电机，其优点是机组径向机械稳定性好，推力轴承磨损小，维护与检修方便；缺点是机组较高，消耗钢材较多。

2）伞式水轮发电机是指把推力轴承布置在发电机转子下部的型式，一般适用于低速（转速在150r/min以下）水轮发电机，其优点是机组高度低，可降低厂房高度，节约钢材；缺点是推力轴承损耗大，不便于安装与维护。

（3）空冷式与内冷式。按水轮发电机的冷却方式不同，可分为空冷式和内冷式两种型式。目前空冷式应用较为广泛。

1）空冷式水轮发电机。空冷式利用空气循环来冷却水轮发电机内部所产生的热量，又分为封闭式、开启式及空调式3种。目前大中型水轮发电机多采用封闭式，小型的采用开启式通风冷却，空调式很少采用，仅在一些特殊条件下才采用。

2）内冷式水轮发电机。内冷式又分为水冷却和蒸发冷却两种。

a. 水冷却。包括双水内冷却和半水冷却。双水内冷却即将经过处理的冷却水通入定子和转子绕组空心导线内部，直接带走发电机产生的热量，定子与转子绕组都复杂，一般不采用；半水冷却即定子绕组水冷却而转子仍为空气通风冷却，目前大容量水轮发电机都采用半水冷却方式。

b. 蒸发冷却。将液态冷却介质通入定子空心铜线内，通过液态介质蒸发，利用汽化传输热量进行发电机冷却，这是我国具有自主知识产权的一项新型的冷却方式。

（4）常规式与非常规式。按水轮发电机的功能不同，分为常规水轮发电机和非常规的蓄能式水轮发电机两种。常规水轮发电机一般为同步发电机；而蓄能式水轮发电机为发电电动机，有双向运转的要求，通常转速较高。

3. 水轮发电机的基本结构

由于大中型水轮发电机尺寸较大，故多为立式布置。下面将着重介绍悬式和伞式水轮发电机的结构与特点。

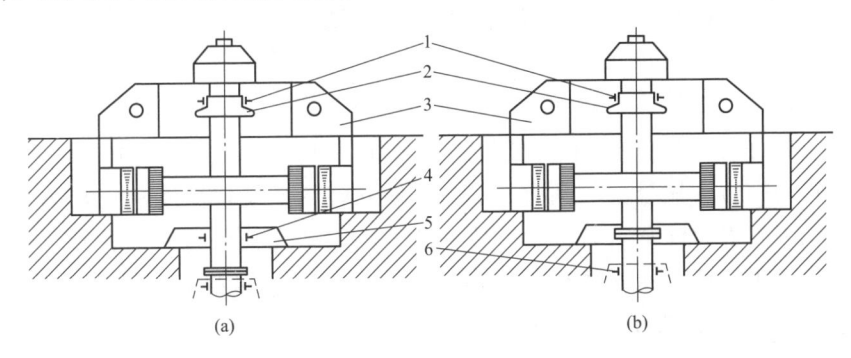

（1）悬式水轮发电机结构。悬式水轮发电机结构有两种型式：①在上机架中装有上导轴承，也有在推力头外缘装有上导轴承，同时在下机架中还装有下导轴承，连同水轮机的水导轴承组成了所谓三个导轴承的结构型式，如图1-8（a）所示；②取消了发电机的下导轴承，保留上导轴承和水导轴承，组成所谓两个导轴承的结构型式，如图1-8（b）所示。至于采用何种结构型式和确定上导轴承的位置，应根据机组的临界转速和轴系的稳定性来选择。采用无下导轴承和下机架的结构型式，可降低发电机的高度，使发电机的重量减轻和厂房的高度降低。但大型水轮发电机若选用悬式结构，则其上机架要承受较大的机组总轴向力并传递到定子机座上，对定子机座的刚度要求较高。因其成本较高，现只用于高速水轮发电机。

图1-8 悬式水轮发电机结构

(a) 有上下导轴承；(b) 有上导而无下导轴承

1—上导轴承；2—推力轴承；3—上机架；4—下导轴承；5—下机架；6—水导轴承

悬式发电机的定子机座除了用来固定定子铁心，还要支撑发电机上机架和推力轴承。因此，必须在机座结构上增加横向立筋或盒形筋来加强机座的刚度。一般中、小容量水轮发电机，机座直径在4m以下均设计成整圆机座，目前都采用钢板焊接结构，整圆机座整体性好，不用对机座强度作特殊要求；容量较大的水轮发电机的机座通常采用分瓣结构，分瓣数由机座直径而定，常用的有2、3、4、6、8瓣，其中3、8瓣较少使用。

（2）伞式水轮发电机结构。根据导轴承的数量和布置的位置，伞式水轮发电机又分为全伞式和半伞式两种结构类型，如图1-9所示。可以看到，全伞式水轮发电机有一个推力轴承和一个下导轴承。

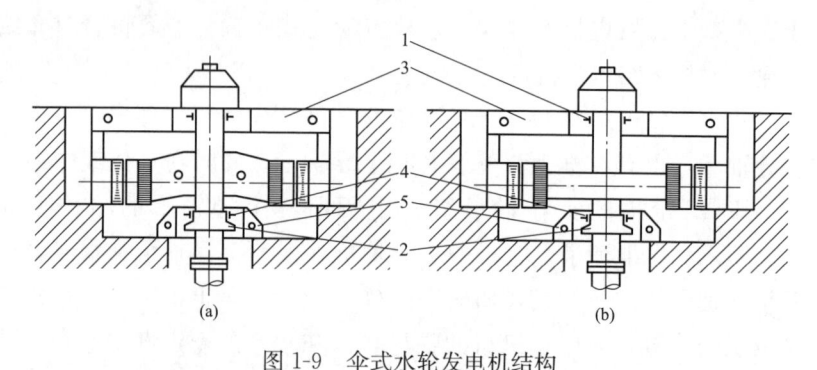

图1-9 伞式水轮发电机结构
（a）全伞式；（b）半伞式
1—上导轴承；2—推力轴承；3—上机架；4—下导轴承；5—下机架

伞式结构在大型水轮发电机中越来越显示出其优越性。一般采用此结构的发电机转子可设计成分段轴结构，其最大优点是可以解决由于机组大而引起的大型铸锻件问题。同时也可减轻转子起吊重量，降低起吊高度，从而降低厂房高度。这种结构的推力头也可设计成与大轴为一体，便于在车床上一次加工，既保证了推力头与大轴之间的垂直度，又消除了推力头与大轴之间的配合间隙，免去镜板与推力头配合面的刮研和加垫，使安装调整及找摆度十分方便。但是伞式结构因其推力轴承直径较大，故轴承损耗比悬式结构的大。全伞式和半伞式水轮发电机的推力轴承布置方式都可以减轻定子基座的受力。

1）全伞式水轮发电机。全伞式水轮发电机总体布置如图1-10所示，其推力轴承一般布置在下机架上，下机架是承重机架，承受推力轴承传递过来的轴向力并传递给机墩。国外的伊泰普、大古力水电站，国内的三峡、隔河岩、岩滩、龙羊峡、乌江渡等水电站的推力轴承，均布置在下机架上。

2）半伞式水轮发电机。半伞式水轮发电机总体布置如图1-11所示，大型机组的推力轴承由自己的推力支架承重，布置在水轮机的顶盖上，通过顶盖将轴

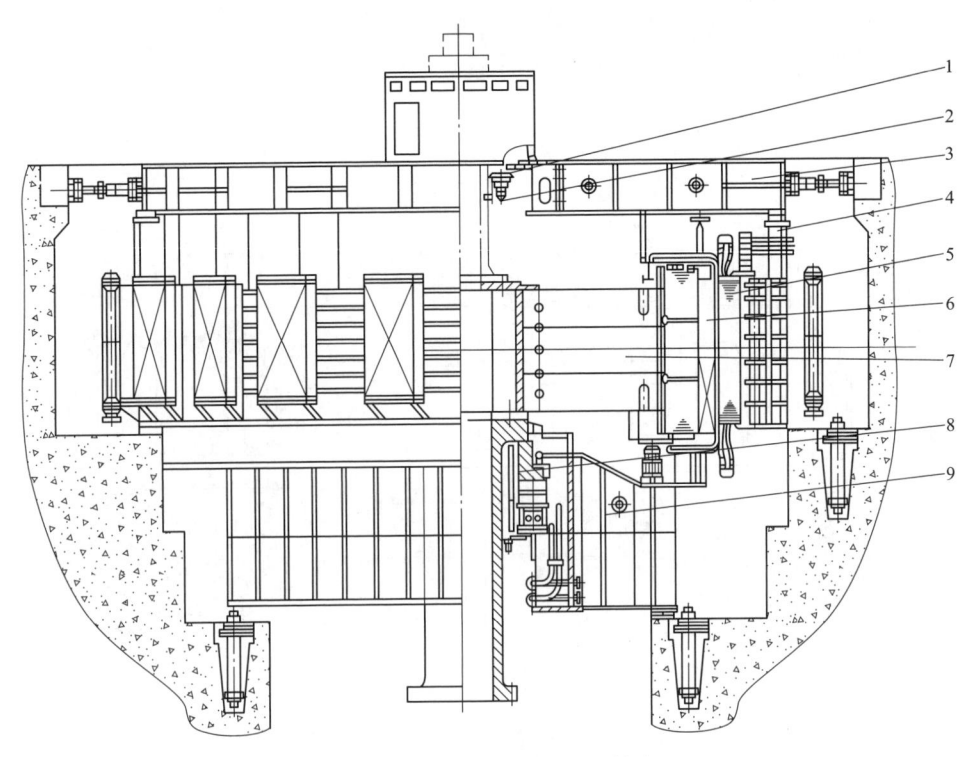

图 1-10 全伞式水轮发电机总体布置

1—集电环；2—电刷装置；3—上机架；4—定子；5—定子铁心；
6—磁极；7—转子；8—推力轴承；9—下机架

向力传递到固定导叶，然后传递到基础。俄罗斯的萨彦—舒申斯克水电站，国内的葛洲坝、大化、水口、铜街子等水电站的推力轴承，均是通过推力支架布置在顶盖上。

4. 抽水蓄能电站发电电动机

抽水蓄能电站是水利水电行业发展的大势所趋，正发挥着越来越重要的作用。根据发电电动机的特点进行主力机型分析，对于确保其正常、高效的运行起到了极为关键的作用。

(1) 抽水蓄能电站发电电动机的主要特点。根据抽水蓄能电站机组运行的工况要求，相较于常规水电发电机，其在设计和制造等方面提出了更高的要求，主要表现出如下特点。

1) 根据抽水蓄能电站的特点，其运行机制每天启停和工况转换频次多达 3 次以上，这就要求发电电动机必须适应这样的工作机制，才能在电力系统中承

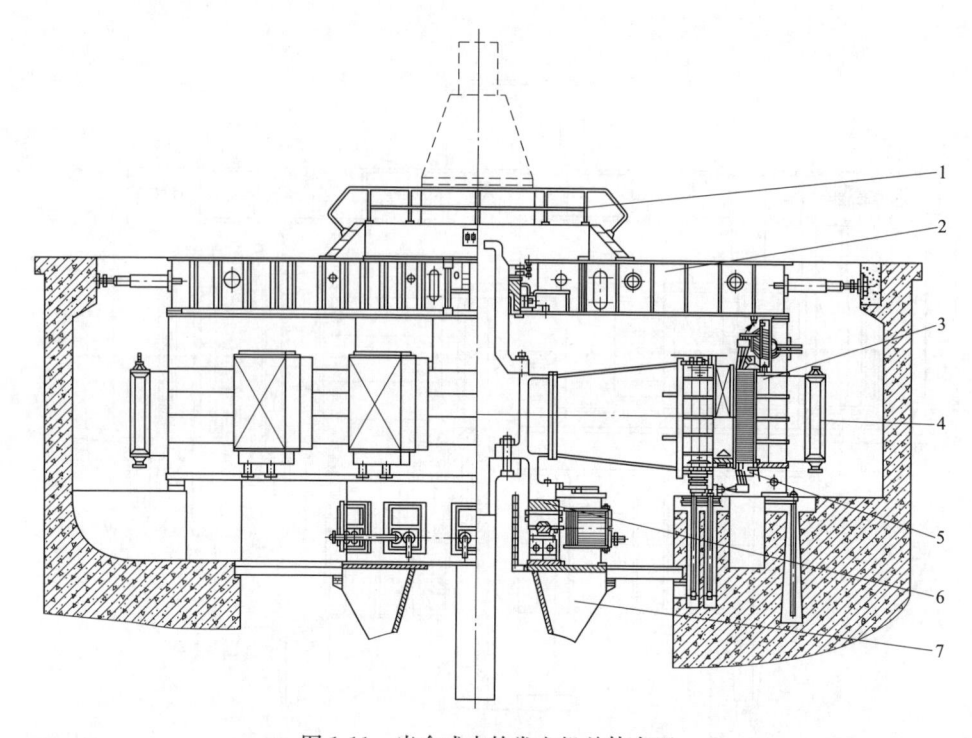

图 1-11 半伞式水轮发电机总体布置

1—外罩；2—上机架；3—定子；4—空气冷却器；5—转子；6—推力轴承；7—推力支架

担起调峰、调频、调相等任务。

2) 在电网低谷时，机组进入抽水工况吸收电网多余的有功，将电能转化为势能存储起来；在电网高峰期，机组转为发电工况将存储的势能转化为电能，这两种工况的旋转方向完全相反。发电电动机需要符合以上双向运转来设计，其轴承结构和通风冷却系统设计也需要考虑双向旋转。

3) 相较于传统的水轮发电机组，抽水蓄能电站发电电动机具有尺寸小、磁极对数少、通风冷却难度高等特点。

4) 为了确保发电电动机在抽水工况下启动电流平稳，必须要制定专门的启动措施。常见的启动方式有异步启动、同步启动和静止变频等方式，一般根据总装机容量来确定。根据国际上目前使用情况来看，静止变频起动方式能较好地配合抽水蓄能电站的运行模式而成为主流的起动方式。

(2) 抽水蓄能电站机组结构。抽水蓄能电站（常规）机组结构示意图如图 1-12 所示。

(3) 蓄能机组的主力机型。蓄能机组的双向转动、频繁启停、急剧的负载变化、复杂的过渡过程，尤其是大型高速设备的故障率显著提高，从而确保发电机的安全稳定运行，提高发电站和设备在系统中的灵活调节能力是最重要的考虑事项。从水泵涡轮的立场来看，根据国内外统计数据和我国规划的水泵存储电站的需求，大单位容量范围250～400MW，其中300MW单位占压倒性多数。水头段范围200～750m，其中500m水头段（450～550m）占优势。回顾过去半个世纪发电机的发展过程和发展趋势，考虑到单元应用的普遍性、发电站经济性、电网适应性、泵存储设备自主化以及国内抽水蓄能电站规划的发展需求，发电机的主力型号为300MW级，375～500r/min。

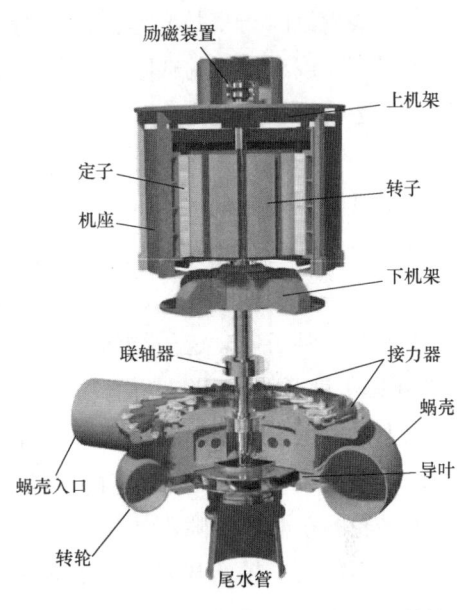

图 1-12 抽水蓄能电站（常规）机组结构

第二节 水电站机组检修

一、检修概述

在机组正式投产后，除了应达到设计的流量、出力等工作参数外，还必须保证运行的稳定性、可靠性和长期性。而这些运行性能的好坏，除受机组的选型、设计、制造等影响外，在一定程度上还取决于机组的安装质量。

所谓运行的稳定性是指机组在运行中各部件的振动和摆度值要在允许的范围之内。当振动超过规定的允许值时，便会影响机组的供电质量、安全运行及其寿命、附属设备及仪器的性能、机组的基础和周围的建筑物，甚至对整个水电站的安全经济运行等都会带来严重的危害。目前随着巨型水电站的建设，机组的重量与尺寸越来越大，其稳定运行就更为重要，如三峡水电站水头变幅大，水轮机在高、低水头运行区偏离最优工况运行的时间分别占全年的30%以上，极有可能引发机组运行不稳定，因此对水轮机的稳定性指标和考核方法应有明确的规定。

所谓运行的可靠性是指机组在规定的使用期内和规定的使用条件下，能够无故障（或少故障与事故）地连续运行并发挥其应有的功能。当机组部件存在制造质量问题或有严重的缺陷时，会直接影响其安全可靠运行。

所谓运行的长期性是指动力设备应具有制造厂规定的使用寿命期。水轮发电机组是一个复杂的零部件系统，每个部件都各有结构特征，所以在实际运行工况下有其自身寿命期，不同的零部件寿命期也不同。由于水轮机工作在水流中，其过流部件尤其是转轮的抗空蚀和抗磨损性能是决定其寿命的主要因素，一般在 25～40 年（小型机组 25 年，大型机组 40 年）甚至更长时间；而水轮发电机工作在电磁场中，定子绕组是决定其寿命的主要因素，一般水轮发电机运行 20 年以上就开始或已经老化。

以上这些运行性能除跟机组的设计、制造和运行管理有直接关系外，还与机组的安装质量好坏和运行中对机组的维护检修也有密切关系。若安装出现问题，如转轮的止漏环间隙不均匀、发电机转子与定子间的气隙不均匀、立式机组的轴线不垂直、轴承松动或轴瓦间隙不正确等，都会引起机组振动与摆动，主要零部件将承受额外的周期性交变力的作用，从而加快磨损甚至造成破坏，机组运行不稳定，故障或事故在所难免，使用寿命就会缩短。因此，要保证机组按要求进行安装，并对安装过程进行监督，安装完成后要进行必要的检修，将各种隐患排除，以保证机组正常运行。

机组运行中总会发生空蚀、泥沙磨损、机械磨损、绝缘老化等损坏，其工作参数会发生变化，运行性能也会随之逐渐变差。因此，应对机组进行状态监测，做好机组日常维护，尽可能延长机组的正常运行时间，适时安排机组检修工作，保证检修质量，不断恢复甚至改善其工作参数，使机组能够保持稳定、可靠与长期运行。

大型水轮发电机组的结构越来越复杂，对机组性能的要求越来越高，对安装与检修质量的要求也越来越高。因此，必须在牢固掌握机组安装与检修基本知识的基础上，及时了解并掌握安装与检修工作中不断涌现出的新工艺和新技术。

二、水轮发电机组检修的特点

水轮发电机组的安装与检修工作较为复杂和特殊，有自己的一套程序和方法，其基本特点有以下 3 个。

1. 起重和运输工作很重要

现代水轮发电机组的尺寸大、重量重、零部件形状与工艺复杂、技术条件要求严格,给机组的制造和运输工作带来较大困难。又由于现场机组的安装空间和装配间隙很小,因而在安装及检修过程中,零部件的起吊和运输就显得特别重要。如厂房内常用桥式起重机、平衡梁等,厂外进水闸门与尾水闸门常用的门式起重机、启闭机等,没有这些起重工具,就无法完成安装与检修工作。专业检修施工队伍和不少水电站都配有专门的起重工人,甚至设有起重专职技术人员。

(1) 机电设备安装与其他施工交叉进行。

(2) 多工序、多工种协调配合。水轮发电机组的安装远不是简单的摆平与放正,包括了对零部件的组合、检查,零部件之间的连接,以及各种高精度的测量和调整工作。机组的安装与检修需要钳工、焊工、管道工等很多工种,而且必须严密组织,协调配合才能保证质量。

(3) 安装与检修质量要求非常严格。不仅零部件的形状、尺寸必须符合要求,而且其重心位置、高程、水平度及垂直度等的误差也必须在允许范围内。零部件的表面质量,尤其是某些组合面还有很高的结合质量要求。至于机组的整体轴线,更必须达到非常高的质量精度。如立轴水轮机座环的顶平面,发电机定子的顶平面都必须安装成水平位置,水平度误差不超过每米直径0.08mm;对悬式机组来说,水轮机导轴承远离推力轴承,轴线检查时它的摆度(双摆幅)却不允许超过0.1~0.3mm。这样高的精度要求,对尺寸和重量都很大的水轮发电机组来说,其难度远远超过其他行业的设备安装。为此,水轮发电机组的安装与检修已形成了一套特有的测量项目、仪器、工具和方法,而且国家有专门的技术规范和统一的技术标准。

2. 各种机组的安装程序、方法及工艺有差别

不同类型的水轮发电机组,其安装方式和工艺是有差别的,甚至有些部件的安装和调整的程序与方法及安装工艺差别还很大。如轴流转桨式水轮机轮毂内的叶片操作机构、主轴内的操作油管和上部的受油器等部件的安装,要比混流式与冲击式水轮机复杂得多;悬式与伞式发电机的推力轴承、导轴承位置不同,其荷载机架也不同,安装方式也有差异;特别是抽水蓄能电站机组双向运行,机组转速较高,工况变换频繁,机组结构很复杂,其检修安装工作比常规机组更为复杂。

3. 安装与检修工作的理论性和技术性很强

检修工作中大量精度要求较高的检查、测量、调整、试验和计算工作,理论性和技术性都很强。如各部件焊接质量的检查;环形部件的内、外圆柱面的

圆度与同心度的检查，以及中心位置的测定；平面的水平度、垂直度的测定与调整；各部件的安装高程的测定与调整；机组轴线的检查与调整；导轴承间隙的调整；调速器的调整试验；大型螺栓紧固力和伸长的计算；各热套、热拔温度的计算；机组投产前的调整与试运行，水轮机转轮的静平衡试验与发电机转子的动平衡试验等。在被测部件尺寸很大的情况下，要保证达到高精度。还必须采用一些特殊的工具和仪器以及相应的检测方法，这些工作必须在一定的专业理论知识指导下才能进行。

三、检修现场的管理内容

机组安装与检修工作，必须在保证质量的前提下，尽量缩短工期，减少人力、物力的消耗，还要为电站今后的管理准备条件，具体要求包括以下几方面。

1. 制定科学合理的检修工作计划

对所需人员、工具、材料、经费等作出计划，对各工种的实施和衔接作出安排，必须合理，既要保证质量和进度，又要留有余地。

（1）检修队伍的组织及要求。

1）检修队伍的组织。可由专业施工单位承包，也可由电站自身组织人员，包括工程技术人员、熟练技术工人、辅助劳力。其中工程技术人员的选择最为重要，主要起到制定施工方案、进行施工组织、监理、检测与指导等作用，以保证安装与检修质量。

2）要求。要求工程技术人员掌握机组安装与检修方面的基础理论和专业知识，掌握机组安装工程与施工图纸等技术资料，能够按工程技术要求和质量标准制定施工方案及安全技术措施，并能在施工中进行技术指导和监督检查等工作。

（2）检修前的技术准备。

1）熟悉机组检修质量标准，充分了解水电站机组安装工程内容、工地具体条件、工期和技术要求，取得水电站工程的设计说明书和技术资料。

2）取得机组设备制造厂的装配图、说明书、设备出厂合格证、出厂检验记录、发货明细表等技术资料，组织有关人员检查设备的到货情况，对已到货设备进行开箱检查、清点、验收，并且妥善保管。

（3）检修工具及消耗材料的准备。根据机组型式、容量大小及台数多少进行。检修工具包括起重、钳工、电焊、管道、小型机械加工机床以及各种测量调整用的仪表量具等；消耗材料主要包括零件清洗、除锈用的材料，主要如下。

1) 棉纱、汽油、柴油、酒精、甲苯。
2) 制作各种垫片用的铜片、聚四氟乙烯板、橡胶板、金属板。
3) 设备调整用的棋子板、自制千斤顶、螺丝以及各种钢材等。

(4) 施工组织工作。主要包括施工条件分析；制定施工程序、方法和进度计划；安装场地布置；临时性工程的规划和施工；施工安全措施等。

2. 按机组检修标准进行安装，严格质量检查，确保检修质量

国家标准中对机组检修的每道工序、检修的基本项目、质量要求都有规定，施工时必须严格执行。先由施工人员自查，填好安装（检修）记录；再由技术监理检查、验收，填写质量检验记录，严格质量检查与控制。

3. 及时做好各种记录，建立机组技术档案

应及时将机组安装或检修的全过程用文字或电子文档形式记录下来，建立一套完整的机组技术档案，为电站运行管理提供技术资料。主要内容包括：①零部件到货时的检查、验收记录；②产品缺陷及处理记录；③主要工序的安装记录；④质量检验记录；⑤轴线检查、调整及轴瓦间隙调整记录；⑥盘车原始记录，从第一遍开始数字变化及处理；⑦机组启动试运行及各种试验检查记录等。

四、水电机组的检修内容

1. 检修等级

检修等级是以机组检修规模和停用时间为原则，将发电企业机组的检修分为 A、B、C、D 共 4 个等级。检修标准项目参见《水电站设备检修管理导则》(DL/T 10668—2007)。

(1) A 级检修。A 级检修是指对发电机组进行全面的解体检查和修理，以保持、恢复或提高设备性能。检修项目的主要设备的检修项目分标准项目和特殊项目两类。主要设备 A 级检修主要内容有：①制造厂要求的项目；②全面解体、定期检查、清扫、测量、调整和修理；③定期监测、试验、校验和鉴定；④按规定需要定期更换零部件的项目；⑤按各项技术监督规定检查项目；⑥消除设备和系统的缺陷和隐患。

(2) B 级检修。B 级检修是指针对机组某些设备存在问题，对机组部分设备进行解体检查和修理。B 级检修可根据机组设备状态评估结果，有针对性地实施部分 A 级检修项目或定期滚动检修项目。

(3) C 级检修。C 级检修是指根据设备的磨损、老化规律，有重点地对机组进行检查、评估、修理、清扫。C 级检修可进行少量零件的更换、设备的消缺、调整、预防性试验等作业以及实施部分 A 级检修项目或定期滚动检修项目。C级检修主要内容有：①消除运行中发生的缺陷；②重点清扫、检查和处理易损、易磨部件，必要时进行实测和试验；③按各项技术监督规定检查项目。

(4) D 级检修。D 级检修是指当机组总体运行状况良好，而对主要设备的附属系统和设备进行消缺。D 级检修除进行附属系统和设备的消缺外，还可根据设备状态的评估结果，安排部分 C 级检修项目。D 级检修的主要内容是消除设备和系统的缺陷。

2. 检修类型

(1) 定期检修。定期检修是一种以时间为基础的预防性检修，根据设备磨损和老化的统计规律，事先确定检修等、检修间隔、检修项目、需用备件及材料等的检修方式。

(2) 状态检修。状态检修是指根据状态监测和诊断技术提供的设备状态信息，评估设备的状态，在故障发生前进行检修的方式。

(3) 改进性检修。改进性检修是指对设备先天性缺陷或频发故障，按照当前设备技术水平和发展趋势进行改造，从根本上消除设备缺陷，以提高设备的技术性能和可用率，并结合检修过程实施的检修方式。

(4) 故障检修。故障检修是指设备在发生故障或其他失效时，进行的非计划检修。

3. 检修基本原则

(1) 发电企业应按照政府规定的技术监督法规、制造厂提供的设计文件、同类型机组的检修经验以及设备状态评估结果等，合理安排设备检修。

(2) 设备检修应贯彻"安全第一"的方针，杜绝各类违章，确保人身和设备安全。

(3) 检修质量管理应贯彻《质量管理体系要求》（GB/T 19001—2016），实行全过程管理，推行标准化作业。

(4) 设备检修应实行预算管理、成本控制。

(5) 发电机组检修应在定期检修的基础上，逐步扩大状态检修的比例，最终形成一套融定期检修、状态检修、改进性检修和故障检修为一体的优化检修模式。

4. 检修间隔

(1) 如前所述，发电机组检修分为 A、B、C、D 共 4 个等级。各类机组的 A 级检修间隔和检修等级组合方式见表 1-1。

表 1-1　　　　　　A 级检修间隔和检修等级组合方式

机组类型	A 级检修间隔/年	检修等级组合方式
多泥沙水电站水轮发电机组	4~6	在两次 A 级检修之间，安排 1 次机组 B 级检修；除有 A、B 级检修年外，每年安排 1 次 C 级检修，并可视情况，每年增加 1 次 D 级检修。 如 A 级检修间隔为 6 年，则检修等级组合方式，为 A-(D)-C(D)-B-C(D)-C(D)-A（即第 1 年可安排 A 级检修 1 次，第 2 年安排 C 级检修 1 次、并可视情况增加 D 级检修 1 次，以后照此类推）
非多泥沙水电站水轮发电机组	8~10	
主变压器	根据运行情况和试验结果确定，一般 10 年	C 级检修每年安排 1 次

（2）发电企业可根据机组的技术性能或实际运行小时数，适当调整 A 级检修间隔，采用不同的检修等级组合方式，但应进行技术论证，并经上级主管机构批准。

（3）对于每周不少于两次启停调峰的火电机组、累计运行 15 万 h 及以上的国产火电机组和燃用劣质燃料（低位发热量低于 14 654kJ/kg）的机组，其 A 级检修间隔可小于表 1-1 中规定，并可视具体情况，每年增加一次 D 级检修或一次 D 级检修的停用时间。

（4）新机组第一次 A、B 级检修可根据制造厂要求、合同规定以及机组的具体情况决定。若制造厂无明确规定，一般安排在正式投产后 1 年左右。但主变压器第一次 A 级检修可根据试验结果确定，一般为投产后 5 年左右。

5. 检修停用工期

水力机组现场管理的工期也即机组的停用工期，必须严格执行。水轮发电机组标准项目检修停用时间见表 1-2。

表 1-2　　　　　　水轮发电机组标准项目检修停用时间

转轮直径/mm	混流式或轴流定桨式			轴流转桨式			冲击式		
	A 级	B 级	C 级	A 级	B 级	C 级	A 级	B 级	C 级
<1200	30~40	20~25	3~5				15~20	10~15	3
1200~2499	35~45	25~30	3~5				25~30	20~25	4
2500~3299	40~50	30~35	5~7				30~35	25~30	6
3300~4099	45~55	35~40	7~9	60~70	35~40	7~9			
4100~5499	50~60	40~45	7~9	65~75	40~45	7~9			
5500~5999	55~65	45~50	8~10	70~80	45~50	8~10			
6000~7999	60~70	50~55	10~12	75~85	50~55	10~12			
8000~9999	65~75	55~60	10~12	80~90	55~60	10~12			
≥10 000	75~85	60~65	12~14	85~95	65~70	12~14			

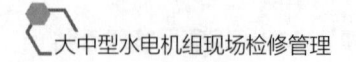

五、机组检修人员要求

1. 劳动力配备计划

根据检修进度要求,一般采取"紧密配合、见缝插针、平行流水、立体交叉"的组织形式,确保每一项计划顺利完成。在项目劳动力分配上,坚持"计划管理、定向输入、统一调配、合理流动",以各工种责任,合理组织优质高效的施工。在施工过程中,针对工序、工种要求不同合理安排工作人员。充分考虑外部因素影响施工工期,劳动力配备上也应留出足够余量,保证在检修各个阶段都有足够的劳动力,以免延误工期。

(1) 劳动力计划表。劳动力计划表见表1-3。

表1-3　　　　　　　　　　　劳动力计划表　　　　　　　　　　单位:人

工种	按工程施工阶段投入劳动力情况					
水轮机检修工						
发电机机械检修工						
发电机电气检修工						
……						

(2) 劳动力投入保证措施来源。劳动力主要选用符合工种的中级工以上的高素质的技术工人,专业技术人员一般具有电力工程类助理工程师以上职业资格。

2. 劳动力管理

劳动力的管理是企业管理的重要组成部分,也是工程管理的重要组成部分。劳动管理的任务是在工程施工过程中,对有关劳动力进行计划、决策、组织、指挥、监督和调度,从而协调职工的工作,充分发挥职工的积极性,不断提供其劳动生产率。

(1) 充分挖掘劳动资源,合理安排和节约使用劳动力。

(2) 正确处理国家、集体和劳动者个人的利益关系,充分调动工人的积极性。

(3) 编制劳动力使用计划,合理、节约、控制使用劳动力,改善劳动组织,完善劳动的分工和协作关系,制订劳动力调配管理办法,挖掘劳动潜力。

(4) 建立健全劳动定额管理制度,确定合理定额水平,监督劳动定额的使用。

(5) 合理执行工资制度,控制工资限额,做好绩效考核,正确掌握奖惩制度。

(6) 编制劳动力计划，确定计划期内劳动力的需要量，随着施工过程的进展合理调整劳动力，保证劳动力的协调和合理使用。

3. 劳动力的组织管理保证措施

(1) 项目部施工人员进场应即对总体工程量进行复核，再按照进度计划要求和现场情况作出详细的劳动力进场计划报相关管理部门。

(2) 依托公司的劳动力资源优势，按时段要分批进现场。

(3) 选择性的组织部分施工队伍安排在适当的区域进行施工作业，并重点考核，以促进班组工艺上的学习交流和技术竞争，同时对劳动力数量的满足也有进一步的保证。

(4) 对已进场的队伍实施动态管理，确保施工队伍的素质和人员相对稳定。

(5) 现场管理人员对现场作业情况有充分的预计，及时调整计划。

(6) 根据现场的情况做好各施工区内的劳动力调配工作，以便集中力量对重要部位和主控工序进行施工，满足进度需求。

(7) 合理安排工序，以节省现场作业量。

(8) 必要时安排加班作业，同时做好安全及后勤保障工作。

4. 劳动力的技术保证措施

(1) 公司的人力资源部门人力资源上的组织保证。

(2) 按检修的重要及难易程度使用不同技术等级的工人，更好的处理成本—质量—工期间的关系。

(3) 按照"质量管理措施"的要求，开展竞赛活动，奖优罚劣。

(4) 对检修施工现场进行严格督查，配备进行协调、质量、安全管理的人员。

(5) 加强现场教育的培训工作，定期组织技术骨干的质量、安全、工艺技术培训。

5. 各类型水电机组的主要项目架构人员

(1) 常规机组。

1) 项目经理。1人，应为企业在职人员。

2) 专职安全员。1人，具有安全管理部门认可的资格证件。

3) 机械专业技术员和电气专业技术员。各1人，负责完成现场技术方案的编制和技术质量把关等。

4）电气作业人员。一般不小于 3 人。

5）电焊作业人员。一般不小于 2 人。

6）起重作业人员。一般不小于 3 人。

7）工作负责人。一般不小于 6 人。

8）施工人员。一般 A 级检修 40～60 人，B 级检修 20～40 人。

（2）抽水蓄能机组。

1）项目经理。1 人，应为企业在职人员。

2）专职安全员。1 人，具有安全管理部门认可的资格证件。

3）机械专业技术员和电气专业技术员。各 1 人，负责完成现场技术方案的编制和技术质量把关等。

4）电气作业人员。一般不小于 3 人。

5）电焊作业人员。一般不小于 2 人。

6）起重作业人员。一般不小于 3 人。

7）工作负责人。一般不小于 6 人。

8）施工人员。一般 A 级检修 60～80 人，B 级检修 40～60 人。

（3）贯流式。

1）项目经理。1 人，应为企业在职人员。

2）专职安全员。1 人，具有安全管理部门认可的资格证件，一般要求在抽水蓄能电站担任过类似职务。

3）机械专业技术员和电气专业技术员。各 1 人，负责完成现场技术方案的编制和技术质量把关等。

4）电气作业人员。一般不小于 3 人。

5）电焊作业人员。一般不小于 2 人。

6）起重作业人员。一般不小于 3 人。

7）工作负责人。一般不小于 6 人。

8）施工人员。一般 A 级检修 35～60 人，B 级检修 25～40 人。

6. 检修施工人员的几项必备技能

（1）安全技能。这是水电机组检修的基础技能要求，是必须掌握的准入技能。

（2）现场应急逃生技能。现场勘察时必须观察逃生线路，人员进场时必须宣贯培训，使各工作人员掌握。

（3）现场急救能力。一些现场急救的技能。

(4) 一定的从事工作的生产执行技能。

思考题： 列举几种电站人员的必备逃生技能。

六、施工机具

1. 设备配置计划

在检修项目施工设计时，必须考虑施工机具的设备配置计划。主要施工设备表与试验和检测仪器设备表样式分别见表 1-4 和表 1-5。

表 1-4　　　　　　　　　　主要施工设备表样式

序号	设备名称	型号规格	数量	国别产地	制造年份	额定功率/kW	生产能力	用于施工部位	备注
1	桥机								业主自备
2	××								
3	……								

表 1-5　　　　　　　　　　试验和检测仪器设备表样式

序号	仪器设备名称	型号规格	数量	国别产地	制造年份	已使用台时数	用途	备注
1	××							
2	××							
3	……							

2. 检修工具选配原则

(1) 根据本工程的特点与布局来选择机械设备类型。

(2) 根据本工程的工期、工程量的大小和所采用的施工方法来选择施工机械设备的类型和数量。

(3) 所选用的机械设备既要满足施工生产的需要，又要尽量降低成本。

(4) 所有机械设备全部选用性能完好的机械设备。

3. 施工机械设备的合理作用

(1) 定人定机，实行机械使用、保养责任制，将机械设备的使用效益与个人经济利益联系起来。

(2) 实行机操人员持证上岗制度。特种设备的机操人员必须持有有效的特种设备操作证作业。

4. 施工机械设备的保养和养护

（1）机操人员要严格执行机械设备操作规程和机械设备维护保养制度，按时进行设备维护保养。

（2）机操工要坚持"清洁、紧固、调整、润湿、防腐"十字作业，填写运转和日常检查记录。运转中发出异常，要及时停机检修，不得带病运转作业。

（3）机械设备要杜绝"三违"（违章操作、违章指挥、违反劳动纪律）现象，确保机械设备按规程和使用说明书要求作业。

5. 进场计划

根据现场施工和进度计划的要求，编制施工机具需用量计划，并以此为依据组织施工机具及时进场。

6. 保证措施

机械设备工程质量的好坏、进度的保证很大程度上与施工机具的先进性有关。对于工程施工的实际情况和各工种、工序的需要，合理地配备先进的机具设备及挑选专业水平较高的技术操作人员，最大限度地体现技术的先进性和机具设备的适用性，充分满足施工工艺的需要，从而保证工程质量和装饰效果。

另外在配备机具设备时，综合考虑了以下因素。

（1）技术先进性。机具设备技术性能优越、生产率高。

（2）使用可靠性。机具设备在使用过程中能稳定地保持其应有的技术性能安全可靠的运行。

（3）便于维修性。机具设备便于检查、维护和修理。

（4）运行安全性。机具设备在使用过程中具有对施工安全的保障性能。

（5）经济实惠性。机具设备在满足技术要求和生产要求的基础上达到最低费用。

（6）适应性。机具设备适应不同工作条件并具有一机多用的性能。

（7）其他方面。成套性、节能性、环保性、灵活性。

7. 机械设备管理

实行施工机具领用登记制度。以"谁领用、谁保管、谁负责"为原则，防止出现不正常的损坏和遗失。调度好各工序机具的使用，可避免一些工序机具闲置，提高施工机具的使用率，同时还须加强对施工机具的保养，使用前应仔细检查机具使用过程中若发生故障应及时排除。工程完毕应安排专人对机具进行清理、保养之后方可收回仓库。

8. 机械设备计划安排

（1）开工前五日内项目部测算出本施工项目所需使用的机具、设备的种类、数量计划并绘制机具设备计划表，由公司物质部统一调配到施工现场。

（2）对于在施工中易损坏的机具、设备可报公司物质部同意后就近采购。

（3）对于大型、不易搬动的机具设备可在当地租赁公司租赁使用以保证工程生产的需要。

9. 设备的种类

（1）起重类设备，如大型吊装设备。一般由用户提供，主要有安装在厂房的桥式起重机、扩于启闭闸门的门式或卷扬式启闭机、专用于如主阀检修的滑式吊车等；其他的如用于水车室吊装的环形轨道吊车、门机主机室检修小吊车等。

（2）顶起设备。一般用于检修中，包含支承、提升等设备，主要有液压、螺旋类千斤顶，液压提升器等。

（3）螺栓类设备。主要用于松紧螺栓。主要包含气动扭矩类、液压扭矩类、液压拉伸类工具。常规松紧螺栓的普通扳手、开口扳手、梅花扳手、各种型号的一字、十字螺丝刀等。应准备一些不同型号的活动扳手以应付特殊规格的螺栓。

（4）专用工具。如吊装工具、专用扳手等；有些需要施工项目部自制，应自先与业主方进行沟通，如镜板研磨机、推力头加温装置、盘车工具等。

（5）运输类。用于运输各种工具、材料等，施工时必须配备。

（6）安全工器具类。主要是个人保护用途。

（7）设备检测、检验、试验用仪器等。

七、施工材料

1. 材料设备采购和供应

项目经理对施工现场应有全盘的施工安排和周密的计划，做到在保证质量、工期的同时制定每日、每周的安排计划，对机具、材料的进场提出意外应急计划，并提前制定应急措施。

（1）材料采购计划一般提前足够的天数提出，并提前寻找货源及询价，做到不因材料采购而影响工期，公司仓库对各种材料应有一定储备，若在施工中某种材料不能及时到现场时，应千方百计、多方了解向有关单位及时联系和购买，以保证工期、质量、确保材料能及时进场。

（2）公司向项目提供合格供货商名录，在各项工程施工半月前，现场材料组，尤其是采购人员需与业主一起落实好厂家货源，提前提供样品，给业主和设计单位确认，采用"货比三家"比质、比价、比服务的原则进行运作，特别是所用胶泥要三证齐全，确保工程质量，一旦出现短缺，应立即另找第二家或第三家，如还有困难时可与公司的物资供应公司联系，启动多点来形成多渠道的物资供应网络。

（3）场外材料、半成品的储备量应留出足够的余量。

（4）对业主提供的物资供应单位进行有效的控制，使其能满足施工需要，在合同中规定双方的责任，将业主提供的物资列入采购计划，按规定对其进行验证、储存和保管，出现问题加以记录和及时处理。

（5）产品标志与可追溯性管理。严格按照《质量管理体系 要求》（GB/T 19001—2016）及公司程序文件运作，做到材料采购、验收、检验、使用等环节的可追溯性。对材料在记录上和实物上进行标志，对重要材料还要记录，跟踪其使用部位，对施工过程在记录上和实物上标志，特殊工序还要记录、跟踪其使用部位。

2. 材料管理

（1）原材料的验收及试验。材料优劣直接关系到工程质量的好坏，各种密封、螺栓等易损件进场必须有出厂合格证，且材料进场后必须检验合格方可使用，施工工地设专职检验员，及时将各种材料送检，经检验不合格的材料及时封存退货。

（2）搬运和预防措施管理。对施工材料的搬运、储存、保管和交付进行严格控制，防止其损坏或变质。

（3）加强施工的预见性，所有材料及半成品供应应较实际进度提前3～7天进场，确保施工顺利进行，各种材料及半成品检验数据均应同时进场。

（4）常用材料性质和检测项目常用材料的基本性质可分为物理性质、化学性质（化学稳定性等）和力学性质（如强度、硬度、弹性及塑性等）。工程中首先要把好材料关，合格优质的材料加上成熟的工艺和熟练的技能，就能确保工程质量，对工程常用的钢材、密封材料，首先要知道材料必检的项目，才能对材料合格与否作出准确的判断。几种常用的材料必检项目为：①金属材料，外观检验、机械性能检验、材质检测；②高分子材料，外观检验；③橡皮，针入度试验。

3. 材料的种类

机组检修有的材料主要有密封材料、易损件、专用材料、耗性材料、劳动保护类耗材等，应根据种类及物理、化学分类保管、保存至合适的地点。某些材料应放入恒温的设备内，如冰箱、烘箱等。

八、工艺措施

1. 一般工艺措施

熟悉和分析施工现场的设备技术资料，承包合同有关条款、设计图、设计文件、施工技术规范和质量要求、使用的施工方法和材质要求等进行交底。现场负责人及技术员就以下内容进行交底。

（1）合同中有关施工技术管理和监理办法，合同条款规定的法律、经济责任和工期。

（2）整改项目设计文件、施工图及说明要点等内容。

（3）单项整改工程的施工特点、质量要求。

（4）施工技术方案。

（5）工程合同技术规范、使用的工法或工艺操作规程。

（6）材料的特性、技术要求及节约措施。

（7）季节性施工措施。

（8）各班组、工作面在施工中的协调配合、机械设备组合、交叉作业及注意事项。

（9）试验工程项目的技术标准和采用的规程。

（10）适应工程内容的科研项目、"四新"项目和先进技术、推广应用的技术要求。

（11）安全、文明、环保施工具体要求。

（12）由现场工程总工程师配合向现场施工班组、施工人员进行技术、操作、安全、环保等作业交底，确保施工过程的工程质量和人身安全。

2. 现场勘察

熟悉施工现场环境，查明现场情况及要整改的设备情况、停电情况、处理中的各项技术要求等。

3. 安全技术措施

（1）检修工作必须按国家行业标准、设备图纸及技术条件和有关检修工艺。

（2）带电或部分停电的电气设备上进行检修、检查作业的工作必须完成下列措施：①停电；②验电；③装设接地线；④悬挂标志牌和装设遮拦。没有以上安全技术措施禁止工作。

(3) 所有设置的接地线和所做的技术措施，工作负责人均应在每天开工前仔细、全面检查是否良好，并向工作人员认真全面细致地交代。工作负责人不在时应指定能胜任的临时工作负责人，否则禁止继续工作。工作负责人及工作成员不得擅自改变或移动接地线位置和安全措施。

(4) 在停电的低压配电装置和低压导线上的工作，工作前必须验电确认无电并采取安全措施后方可工作。

(5) 二次部分的检修工作必须认真谨慎，严防"三误"，不得将回路永久接地点断开。

(6) 严禁将电流互感器二次侧开路，必须使用短路片和短路线，严禁电压互感器二次侧短路，电流互感器二次开路。

(7) 进入工作现场应仔细核对设备编号及位置，防止走错间隔，对带电设备应做好相应的遮拦隔离，所做措施应醒目，人员活动的距离必须符合安全规范要求。

(8) 有关技术改造和改进的部分，必须有图纸和技术方案，按起吊大件项目划分，制定相应的分解、回装过程技术方案。检修中发现问题应及时向项目施工部反映，凡反映的问题未得到明确答复前，工作班组不得擅自开始开工。

(9) 检修工作在每天开工前，工作负责人必须向工作成员讲清工作内容、检修工艺及注意事项。班长必须向工作负责人做技术交底。

(10) 开工前应做好各项准备工作，工器具、材料等应提前准备好，以利于提高检修工作效率。

(11) 检修工作中应测量记录的数据，必须测量、记录，不得漏测、漏记。所有数据测量记录，均由班组指定的技术员统一测量记录，并将整理完的数据及时上交项目施工部一式两份，所有检修工作中不得漏项。

(12) 检修中需要改动的部分必须得到业主方或其代表认可。

(13) 工作结束后，严格按规定验收，未经业主方监理验收，禁止擅自做主回装或恢复。当日填写验收合格证，及时由甲方签字认可，所有工作结束后进行技术总结，并于三日内上报项目施工部。

(14) 所有在工作中使用的仪表都应在校验有效期内。设备检修前核对。

(15) 所用安全工器具、实验装置及有关起重器具进行校验和检查，不合格者禁止使用。

(16) 起重、电焊等特殊工种人员，必须持证上岗。

(17) 所有检修工作均在设备检修台账中有记录，记录应详细、准确、真实。

（18）安全工器具出、入库应详细检查外观，并有记录。

4. 专项施工方案

机组检修专项施工方案一般包括：①转子吊出、吊入方案；②尾水管检修平台搭设方案；③脚手架搭设方案；④电焊及无损探伤；⑤高压试验等措施。主要是突出专人负责、专人检查，以保证安全的施工。

九、施工平面布置

机组检修工程施工总布置依据发电厂安装间布置图及施工经验。布置原则如下。

（1）满足施工总进度和施工强度的要求。

（2）充分利用现有的场地及设施，布置紧凑合理，包括原预留机组位置可考虑部分利用。

（3）结合施工特点，保证施工质量，保证施工安全，提高生产效率。

（4）符合环保要求。

（5）满足消防要求。

（6）满足职工生产需要。

（7）安装间施工布置。

1）严格按照业主的要求，在安装间指定位置进行主机部件的放置、检查和试验。

2）进场后绘制安装间的设备摆放平面图。

（8）以上施工总平面图布置，绘出现场临时设施布置图表并附文字说明，说明临时设施、加工车间、现场办公、设备及仓储、供电、供水、卫生、生活、道路、消防等设施的情况和布置。

（9）平面布置要符合分区、定置和防护的要求。

第三节　水电机组检修项目管理目标和任务

一、检修项目管理

1. 概述

水电站机组检修项目管理属于电力工程项目管理的一种，是一种相对准备周期长而施工期相对短的项目。

2. 作用

根据所处角度（业主、PMC、监理、总承包商、分承包商、供应商）不同，工程管理的职能重点也不同。其共性职能是：为保证项目在设计、采购、施工、安装调试等各个环节的顺利进行，围绕"安全、质量、工期、投资"控制目标，在项目集成管理、范围管理、时间管理、成本管理、质量管理、人力资源管理、沟通管理、风险管理、采购管理等方面所做的各项工作。

3. 确定内容和范围

（1）组织进行项目建议书的编制及立项报批。

（2）协助业主选择咨询单位、签订咨询合同，并对咨询单位的编制工作进行检查、管理。

二、各阶段项目管理

1. 设计管理

（1）协助业主选择勘察设计单位，签订勘察设计合同。

（2）协助业主及时向设计单位提供所需的各种资料及外部条件的证明。

（3）监督勘察设计合同的履行及对设计单位进行管理。

（4）代表业主向政府职能部门报审设计文件。

2. 前期准备阶段

（1）代表业主进行建设用地规划许可证及建设工程规划许可证的报批。

（2）进行施工图审查的协调。

（3）监理单位的确定。

（4）施工单位的确定及施工许可证的办理。

3. 采购管理

（1）进行整个项目的合同体系策划，制定采购计划。

（2）完成招标代理的全部工作。

（3）负责采购合同的管理。

4. 项目实施阶段

（1）负责组织协调设计单位在工程实施阶段的配合工作。

（2）代表业主与有关工程质量安全等部门的联系工作。

（3）监督监理合同的履行。

（4）审查承包商提供的试车报告，并组织人员进行见证试车。

（5）审查承包商的竣工验收报告，代表业主组织竣工预验收。

（6）负责向城建档案管理部门移交竣工资料并办理备案手续。

（7）承担该项目的造价咨询的专项工作并配合结算审计工作。

5. 项目文档管理

检修项目实施时负责文件资料的收集保存，在项目竣工时将工程来往批件、技术资料和施工图纸整理完好归档移交业主。

6. 项目后评价阶段

项目竣工后，向业主提交从项目立项决策、项目物资采购、项目勘察设计、项目施工、项目生产运行、项目经济等方面的后评价报告及工程项目管理工作的综合评价报告。

7. 其他服务内容

根据工程项目特点和实际情况，业主与工程项目管理企业约定的其他服务内容。

三、管理职责

1. 业主

业主方的项目管理是工程项目管理的核心。业主是工程项目管理的总策划者、总组织者和总集成者。随着业主方项目建设管理观念和水平的逐步提高，将对项目建设的参与者提出更高的要求，这些要求也必将促进工程项目管理思想、技术和工具的变化和发展，成为推动工程项目管理创新的动力。业主的主要职责如下：

（1）与项目管理企业签订项目管理服务合同，并明确授权。

（2）与工程承包商签订合同。

（3）报批和审查有关文件。

（4）筹措项目资金，支付项目管理费用和工程（设备）价款等费用。

（5）监督项目实施和组织项目验收等。

2. 承包方

承包商项目管理的客体是所承包工程项目的范围，其范围与业主要求有关，取决于业主选择的发包方式，并在承包合同中加以明确；设计方项目管理的客体是工程设计项目的范围，旨在实现合同约定目标和国家强制性规范目标，大多数情况下只涉及工程项目的设计阶段，但也可以根据需要将项目范围前后延伸。承包方的主要职责如下：

（1）完成可行性研究（根据合同约定）。

(2) 协助业主编制业主要求。

(3) 编制项目计划。

(4) 组织工程招标。

(5) 审查设计文件。

(6) 在项目实施过程中进行项目的组织与管理。

(7) 代表业主进行合同管理。

(8) 项目实施阶段对项目的进度、费用、质量、材料、安全进行控制等。

3. 项目部

工程项目管理是全方位的，有其重要性和特殊性，项目部是承包方项目管理的主要执行部门。项目经营者对施工项目的质量、安全与文明施工、进度、成本等都要纳入正规的、标准化管理，这样才能使施工项目各项工作有条不紊、顺利进行。施工项目的成功管理不仅对项目、对企业有较好的经济效益，对国家也会产生良好的社会效益。

工程建设在实施项目管理过程中，设置项目管理组织机构是至关重要的，建立高效的组织体系和组织机构是施工项目管理成功的保证。做好组织准备，建立一个全能的管理体制，能使项目经理指挥灵便、运转自如、工作高效的组织机构——项目经理部。其目的就是为了提供进行施工项目管理的组织保证，一个好的组织机构，可以有效地完成施工项目管理目标，有效地应对各种不同的变化，使组织系统正常运转，保证完成施工任务。

组织机构能否正常运转，关键在于选择项目经理，不同的项目需要不同素质的人才。项目经理人选应具备较高领导才能、较好政治素质、一定理论专业知识水平和丰富的施工实践经验以及管理水平等基本素质。

现代社会经济总量不断增加，经济全球化、信息化趋势日益增强，发展速度加快，过程复杂，新的行业、领域不断出现，产品开发周期缩短，导致越来越多的"一次性"、无先例可循的任务的出现。不论经济结构如何变化，工程项目建设仍是我国经济发展的主要载体。加强工程建设施工项目管理，将是项目建设能否达到预期目的的重要条件。

工程建设施工项目管理是在限定的工期、质量、费用目标内对工程项目进行综合管理以实现项目预定目标。随着投资规模、领域的扩大，投资来源多样化，工程项目对环境、经济影响增强，工程项目管理已从工程项目施工管理扩展到从立项到交付使用维护全过程的管理。工程项目管理的目的不仅是实现具体的目标，是对质量、工期、费用的控制。

四、施工管理任务

由于工程项目是一次性的，工程项目管理是各部门工作的最后体现，为此必须利用现代化的管理技术和手段，强化工程项目管理，组织高效益的施工，使生产要素优化组合、合理配置，保证施工生产的均衡性，以实现项目目标和使企业获得良好的综合效益。

工程建设项目管理的主要内容是"三控制二管理一协调"，即质量控制、进度控制、投资控制、合同管理、信息管理和组织协调。

1. 质量控制

工程项目建设质量控制是指在力求实现工程建设项目目标的过程中，为满足项目质量要求所开展的管理活动。影响工程项目质量的因素主要有人、机械、材料、施工方法及周边环境5个方面。工程项目的质量控制是一个全面的、全过程的控制，项目管理人员应当采取有效措施对影响工程质量的因素进行控制，以确保工程建设质量。从思想、业务等多方面综合考虑人的素质，保证参建人员以积极的态度投身到工程建设中；根据工程项目的工艺、技术要求，合理选用机械，确定机械设备的类型和数量，建立健全各项管理制度，确保施工机械以良好的状态投入工程建设中；严把材料检查验收关，正确合理地使用原材料，检查、督促做好收、发、储、运等技术管理工作；通过分析、研究、对比，在确认方法可行的前提下优化方案，选用符合工程建设实际、设计合理、工艺先进、措施可行、缩短工期、降低能耗的方案；通过指导、督促、检查，为参建各方建立良好的技术、管理和工作环境，为实现质量控制目标提供良好的外部环境条件。

工程项目质量控制工作的重点应放在调查研究外部环境和系统内部各种干扰质量的因素上，要做好风险分析和管理工作，预测各种可能出现的质量偏差，制定切实可行的预防措施。使主动控制措施与监督、检查、反馈等被动控制措施有机结合起来，变事后控制为事前控制、发现问题及时解决、发生偏差及时纠正，使工程项目质量始终处于项目管理人员的有效监督控制之下，确保工程建设质量。

2. 进度控制

工程项目进度控制是指在项目目标实施的过程中，为使工程建设的实际进度与计划进度要求相一致，按计划要求的时间施工而开展的控制活动，是对工程项目从编制项目建议书开始，经可行性研究、设计和施工，直至项目竣工验收、投产使用为止的全过程控制。工程项目进度控制的目标是使工程项目按照预定的时间完成，交付使用。

在工程项目建设过程中，由于种种因素的影响，工程项目的实际进度往往不能按计划进度实现，实际进度与计划进度存在一定的偏差。如参与工程建设的人员素质和能力较低，材料供应不及时，机械设备数量不足，建设资金不能及时到位，施工技术水平低，不能熟练掌握和运用新技术、新材料、新工艺等。项目实施过程中，要达到工程项目的进度控制目标，必须认真分析各种因素对工程进度目标的影响程度，并对影响工程项目进度的各种因素加以控制，采取切实有效的措施，减少或避免这些因素对工程进度的影响，使工程进展具有连续性和均衡性，缩短建设工期。及时将实际进度与计划进度进行对比，发现偏差，采取有效措施消除影响，尽量不影响有效工期，一般不采取赶工措施，使实际进度与计划进度保持一致。

组织协调是实现进度控制的有效措施，为有效控制工程项目的进度，必须协调好参建各方的关系，处理参建各方工作中存在的问题，建立协调的工作关系，投入必要的人力、物力，搞好工程项目的进度控制。

3. 投资控制

工程项目投资控制是指在工程项目实施过程中，在满足质量和进度要求的前提下，使项目实际投资不超过计划投资的控制手段。工程项目实施过程中，严格按照工程建设合同进行工程结算，严禁超概算结算。

工程项目的投资控制不是单一目标的控制，应与工程项目的质量控制和进度控制同步进行，工程建设质量不经验收合格，不予结算工程价款。项目管理人员在对投资目标控制时，应考虑整个目标的协调、统一，反复协调工程质量、进度和投资之间的关系，考虑采取投资控制措施对质量控制、进度控制产生的不利影响，使投资控制与质量控制、进度控制满足工程建设的需要，在保证质量的前提下，加快施工进度，缩短工期，降低耗资，力求实现三大控制目标的最佳配合。

4. 合同管理

建设施工合同是指承发包双方为实现建设工程目标，明确相互责任、权利、义务关系的协议；是承包人进行工程建设，发包人支付价款，控制工程项目质量、进度、投资，进而保证工程建设活动顺利进行的重要法律文件。有效的合同管理是促进参与工程建设各方全面履行合同约定的义务，也是确保实现建设目标的重要手段。

合同在建设项目管理过程中正在发挥越来越重要的作用,通过对合同管理目标责任的分解,可以规范项目管理机构的内部职能,紧密围绕合同条款开展项目管理工作。合同中明确约定的各项权利和义务是承发包双方的最高行为准则,是双方履行义务、享有权利的法律基础。建设项目由于建设周期长、合同金额大、参建单位众多和项目之相接复杂等特点。在合同履行过程中,业主与承包商之间、不同承包商之间、承包商与分包商之间以及业主与材料供应商之间不可避免地产生各种争执和纠纷。合同是处理建设项目实施过程中各种争执和纠纷的法律依据。

5. 信息管理

信息与物质、能源一样,是构成社会经济发展的重要资源。任何一项管理活动都离不开某种信息的处理工作。建设工程项目各方面的管理活动并不孤立,它们之间存在相互依赖、相互制约的联系。于是,各管理活动之间必然需要信息的交流与传递,建设工程项目管理工作的复杂与繁重程度直接决定了项目管理过程中信息流动的复杂和频繁等特点。通过信息反馈与调控,对工程项目进行全面综合管理,包括计划、组织、指挥、协调、控制,以实现项目的目标。

项目信息交流管理,系指为确保项目信息快速有效地收集和传递的一系列工作,包括信息交流规划、信息传递、进度报告和施工资料文件的管理等。

6. 组织协调

建设工程项目管理是一个多部门、多专业的综合全面的管理。它不单包括施工过程中的生产管理,还涉及技术、质量、材料、计划、安全和合同等方方面面的管理内容。一个工程项目由于工程量大小、难易程度、分项工程多少等不同,这就决定了一个工程项目的实际状况组建项目部,并配好项目经理,建立一整套健全的管理制度,通过管理以减少施工中各专业的配合问题。项目经理的组织领导协调能力如何,技术业务是否熟练,是项目管理能否取得成功的关键。所以要求项目经理必须是既有理论知识,又有实践经验,人品好、素质高的复合型高级管理人才。加强相互沟通,及时进行技术培训,提高工作人员的技术管理水平。建立专门的协调会议制度,定期组织协调会议,解决施工中的协调问题。对于较复杂的部位,应组织专门的协调会,使各专业队进一步明确施工顺序和责任。

总之,工程项目管理是一门应用科学,它反映了项目运作和项目管理的客观规律,是在实践的基础上总结研究出来的,同时又用来指导实践活动。工程项目管理的目的是通过对工程项目施工活动进行全过程、全方位的计划、组织、

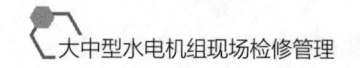

控制和协调，使工程项目在约定的时间和批准的预算内，按照要求的质量，实现最终的建筑产品，使项目取得成功。我们要在项目的实践中不断摸索，创造出一条施工项目管理的成功之路，促进企业、社会的稳定发展。

第四节 水电机组现场管理实施

一、前期准备

1. 现场勘察

现场勘察是指勘察人对工程的现场状况进行调查研究，包括对工程现场进行测量，对工程厂房、通道、施工部位、设备进行调查等工作。

发包人的主要协作义务是在勘察、设计人员入场工作时，为勘察设计人员提供必要的工作条件和生活条件，以保证其正常开展工作。勘察设计人的主要协作义务是配合工程建设的施工，进行设计交底，解决施工中的有关设计问题，负责设计变更和修改预算，参加试车考核和工程验收等。

水力机组施工现场勘察后应初步确定作业方法。

电力安全工作规程中的现场勘察制度如下。

（1）进行电力线路施工作业或工作票签发人和工作负责人认为有必要现场勘察的施工（检修）作业，施工、检修单位均应根据工作任务组织现场勘察，并做好记录。

（2）现场勘察应查看现场施工（检修）作业需要停电的范围、保留的带电部位和作业现场的条件、环境及其他危险点等。

（3）根据现场勘察结果，对危险性、复杂性和困难程度较大的作业项目，应编制组织措施、技术措施、安全措施，经本单位主管生产领导（总工程师）批准后执行。

2. 沟通与协调会议

（1）沟通会议。会议目的是掌握现场施工的最新动态；召集所有单位以便及时对计划的可能延误和干扰进行讨论和解决；与所有单位一起共同解决施工中所产生的问题。

（2）协调会议。一般每周固定时间召开，并要形成会议纪要。参加人员主要有业主项目部、监理、参建各单位施工负责人等。会议内容如下。

1）检查上周会议议定事项的落实情况，分析未完事项原因；总包和各分包单位检讨上周计划。

2) 进度完成情况。若产生差距，分析产生差距的原因；检查实际总进度与总计划进度的差距。若延误了，应提出可行的加快进度措施；总包和各分包单位提出本周进度计划；总包和各分包单位介绍本周准备进行的工作，以及需要其他单位配合的工作。材料、设备订货及到货情况。

3) 协调各参建单位在施工中相互间产生的问题。

4) 检查分析工程项目质量状况，针对存在的质量问题提出改进措施。

5) 设计单位解决图纸中存在的问题及施工中出现的工程技术问题。

6) 其他与本工程有关的事宜。

3. 配置项目人员

按工程实际实施需要，确定实际的项目施工人员，并落实人员名单。一般工程项目部人员配备见表 1-6。

表 1-6   项目部人员配备（一般）

序号	岗位名称	人数	主要工作	备注
1	项目经理	1~2	项目负责	可设副经理
2	项目技术负责人	1~3	机械、一次、二次	总负责人1
3	安全员	1~2	安全管理	根据现场安全要求设置专职
4	质量员	1~3	质量管理、验收	
5	施工员	1~3	现场组织管理	
6	材料员	1	材料申报、核准	
7	资料员	1	资料管理	
8	保管员	1	工器具申报、借用、领用、保管	
9	预算员	1	预算	
10	财务	1	结算	
11	……			

项目部组织结构如图 1-13 所示。

（1）项目经理。从职业角度，是指企业建立以项目经理责任制为核心，对项目实行质量、安全、进度、成本管理的责任保证体系和全面提高项目管理水平设立的重要管理岗位。项目经理要负责处理所有事务性质的工作。

（2）技术负责人。技术负责人负责全过程的技术决策、技术指导。取得工程师及以上职称者可称为技术总工程师。

（3）安全员。按照国家安全生产法为班组长和作业人员做好安全生产的日

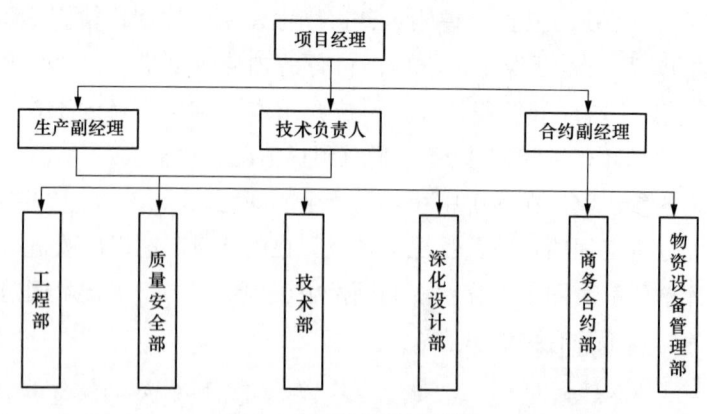

图 1-13 项目部组织结构

常看管、排查、点检、培训、整改、预防、除尘保洁、安检、防火防盗防爆防中毒、设备维修保养管理、安全提示等工作，并持证上岗，做好定期与不定期的安全提示排查，控制安全和事故的发生。

(4) 质量员。在项目负责人的领导下，负责检查、监督施工组织设计中的质量保证措施，组织建立各级质量监督体系。

(5) 施工员。基层的技术组织管理人员，主要工作内容是在项目经理领导下，深入施工现场，协助搞好施工监理，与施工队一起复核工程量，提供施工现场所需材料规格、型号和到场日期，做好现场材料的验收签证和管理，及时对隐蔽工程进行验收和工程量签证，协助项目经理做好工程的资料收集、保管和归档，对现场施工的进度和成本负有重要责任。

4. 配置工器具

现场的工器具要按照《电力安全工作规程变电站和发电厂电气部分》(GB 26860—2011)、《电力安全工作规程电力线路部分》(GB 26859—2011) 及现场实际需要配置工器具，主要种类如下。

(1) 电力安全工器具。电力安全工器具分为个体防护装备、绝缘安全工器具、登高工器具、安全围栏（网）及标志牌四大类，如安全帽、绝缘靴、手套、工作服等。

(2) 保护工具。如验电杆，验电笔、接地线等。

(3) 施工用具。如安全带、围栏，标志牌等。

(4) 警示用具。如提示牌、警示牌、警告牌等。

(5) 现场展示类器具。如展示板；操作票等。

(6) 工具架、桌、台。

(7) 常规使用的工器具。如扳手、螺丝刀、刮刀、扭力扳手等。

(8) 动力类工器具。如电动工器具、气动工器具。

(9) 量具。如水平仪、水准仪、百分表、量尺、量规等。

(10) 试验。电力试验仪器、校准仪器等。

5. 施工组织设计方案优化

(1) 优化目的。通过技术经济比较分析，可以看出存在有两个或两个以上施工组织设计方案之间的优劣。从而去劣存优，对施工组织设计进行方案、组合、顺序、周期、生产要素等要素调整，以期使设计趋于最优化。同时，通过优化，努力节约资源、注重环境保护、提高机械设备的利用率，并协调好工期、质量、成本三者之间的关系。

(2) 施工方案的优化。施工方案优化主要通过对施工方案的经济、技术比较，选择最优的施工方案，达到加快施工进度并能保证施工质量和施工安全，降低消耗的目的。主要内容包括施工方法的优化、施工顺序的优化、施工作业组织形式的优化、施工劳动组织的优化、施工机械组织的优化等。

1) 施工方法的优化。要能取得好的经济效益，同时还要有技术上的先进性。

2) 施工顺序的优化。为了保证现场秩序，避免混乱，实现文明施工，取得了好快省而又安全的效果。

3) 施工作业组织形式的优化。作业组织合理采取顺序作业、平行作业、流水作业3种作业形式的一种或几种的综合方式。

4) 施工劳动组织的优化。按照工程项目的要求，将具有一定素质的劳动力组织起来，选出相对最优的劳动组合方案，使之符合工程项目施工的要求，投入到施工项目中去。

5) 施工机械组织的优化，从仅仅满足施工任务的需要转到如何发挥其经济效益上来。这就是要从施工机械的经济选择、合理配套、机械化施工方案的经济比较以及施工机械的维修管理上进行优化，才能保证施工机械在项目施工中发挥巨大的作用。

(3) 资源利用的优化。项目物资是劳动的对象，是生产要素的重要组成部分。施工过程也就是物资消耗过程。项目物资指主要原材料、辅助材料、机械配件、燃料、工具、机电设备等，它服务于整个建设项目，贯穿于整个施工过程。因此，对于它的采购、运输、储存、保管、发放、节约使用、综合利用和统计核销，关系到整个工程建设的进度、质量和成本，必须对其进行全面管理。

资源利用的优化主要包括物资采购与供应计划的优化和机械需要计划的优化。

1) 项目物资采购与供应计划的优化。在工程项目建设的全过程中对项目物资供需活动进行计划，必要时需调整施工进度计划。

2) 机械需要计划的优化。尽量考虑如何提高机械的出勤率、完好率、利用率，充分发挥机械的生产效率。

6. 编制施工专项方案

应根据项目的施工现场勘察结果，组织施工专项方案的编制，如临时用电施工方案、起重作业专项施工方案、有限空间作业方案、电焊作业及变形控制、水轮机裂纹、汽蚀修补方案等。

7. 项目培训

（1）项目培训目的。通过项目培训，使项目施工管理和操作人员牢固树立"安全第一、预防为主、综合治理"的思想，增强安全意识和素质，提高遵守各项安全生产规章制度的自觉性。

（2）安全教育内容。主要包括安全生产思想、安全知识、安全技能3个方面的教育。

（3）项目部安全教育。由项目经理（或项目安全员）组织，教育内容为本工程特点、项目部规章制度、本工程安全技术操作规程、现场危险部位及安全注意事项、机械设备及电气安全事项和防火、防毒、防爆知识，防护用品使用知识等，教育累计时间不少于15学时。

（4）班组安全教育。由班长组织，教育内容为安全生产规章、纪律、岗位安全技术操作规程，安全防护装置及劳动防护用品的使用、本岗位作业环境危险部位和不安全因素及其防范对策、使用机械设备、工具的安全要求等，教育累计时间不少于20学时。

（5）新技术操作和新岗位的安全教育。采用新技术、新工艺、新设备、新材料和工人变换工种（包括临时变换工种）必须进行新技术操作和新岗位的安全教育。

（6）施工现场安全教育要求。施工现场必须建立安全教育档案，经三级安全教育新入场工人，应填写安全教育登记表，并履行签字手续，由项目安全员负责管理。未经三级安全教育的不得分配工作、上岗作业。施工现场应运用安全会议、宣传栏、读报栏、黑板报、安全宣传标语、安全生产录像等多种形式进行教育，包括节日前后教育和经常性的安全教育，以不断提高工人执行规章制度和安全操作规程的自觉性。

(7) 特种作业人员的培训。对电工、电焊工、塔吊司机、架子工、机操工、起重机械作业、机动车辆驾驶等特殊作业人员必须经有关部门进行安全技术培训考核取得操作证后，方可独立操作，特种作业人员的培训工作由企业负责管理，并建立培训档案。

(8) 项目经理每年度应接受不少于 30 学时的安全培训，其他施工管理人员每年应接受不少于 20 学时的安全培训。

(9) 专职安全员必须经有关部门进行安全技术培训。取得岗位合格证书，并持证上岗；每年度应接受不少于 40 学时的安全技术培训，并经年度考核合格。

8. 制定计划

项目部现场必须按计划进行，需编制的计划主要有：①人力资源使用计划；②现场管理实施计划；③工器具使用计划（含仪器、车辆使用计划）；④资金使用计划。

二、项目实施

1. 现场会议

(1) 现场工作例会。检修开始后，项目部定期组织召开现场工作例会，并做好会议记录，与会人员在了解工作任务、安全风险和预控措施后，在会议记录上签字认可。会议内容如下。

1) 项目经理安排各工作面的工作，包括工作内容、进度要求以及重点工作的安全注意事项。

2) 安全组长对各项工作的安全风险进行分析，交代应采取的安全措施、重点注意部位和注意事项。

3) 各工作面负责人对各自工作存在的安全风险和采取的安全措施进行陈述，并做好记录。

4) 项目经理对工作进行总结，提出有关要求。

(2) 各工作面的现场工作例会。

1) 每天开工前，各工作面负责人必须对工作人员进行工作安排，并进行安全技术交底。

2) 每天下班前，各工作面负责人对当天完成的工作任务和安全情况，进行总结分析，提出防范措施。

3) 做好会议记录。

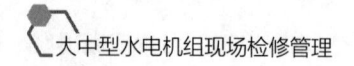

2. 日常管理

日常管理主要有班前会、班后会，各个项目任务安排与进度管理、现场安全监督检查等。

三、检修现场安全技术交底场管理

1. 开工前

开工前，在接受生产单位安全技术交底后，项目部应组织安全组长对各工作面负责人（安全员）进行安全技术交底，其内容一般包括：①检修项目的危险点；②针对危险点的具体预防措施；③应注意的安全事项；④相应的安全操作规程和标准；⑤发生事故后应及时采取的避难和急救措施。

2. 检修项目作业前

检修项目作业前，各作业面负责人要对工作人员进行安全技术交底。一般包括：①本次作业的危险点及预控措施；②作业指导书中的安全注意事项；③安全技术交底的相关内容；④其他安全注意事项。

3. 签字确认手续

各级安全技术交底活动必须履行签字确认手续。

4. 检查与评价

（1）检修期间，项目经理、安全组长和管理人员，要依据检修安全管理制度和要求，对检修现场进行全面监督检查，查出问题立即进行整改。

（2）检查各项检修安全制度、措施的执行情况，对人的不安全行为、物的不安全状态和环境因素等进行全面有效的监督与控制。

（3）对各个子项目的执行情况进行分析、评估和评价。

（4）对各作业人员的执行效率、安全情况和工作绩效等进行评价。

四、投产试运和项目竣工

1. 验收要求

（1）设备检修后，检修项目无漏项，设备缺陷已消除。

（2）达到各项检修工艺质量标准；设备清洁见本色，卫生无死角；可靠性、经济性提高，满足系统要求。

（3）设备修后性能参数达到设计值；各种信号、标志齐全，正确，安全设施完善。

（4）监测装置、安全保护装置、主要自动装置投入率100%，动作可靠。

2. 验收内容

质量验收执行质量控制点（W/H 点）验收和检修项目三级验收相结合的方式，既防止重复验收，又兼顾点面结合；W 点实施二级验收、H 点实施三级验收；质量验收实行检修人员自检和验收人员检验相结合的原则，必须检合格后方能申请上一级验收。

设备检修工作至某一质检点时，在自检合格后由工作负责人提出验收申请，验收申请应提前通知验收人员。验收人员在接到验收申请后，应在规定时间内到达验收现场，在核对确认检修质量合格，技术记录及有关资料齐全无误后，在质量控制点签证单上签字认可，与检修人员共同对检修质量负责。

W 点验收不合格，技术质量组有权决定将其上升为 H 点；技术监督项目还应有有关监督专责人和相关监督网成员参加，会同检修执行部门或外包单位共同检查、验收签字；所有项目的检修施工和质量验收实行签字负责制和质量可追溯制。

3. 总结报告

质量验收的评价分为合格、不合格两类。

（1）合格。质量验收合格的评价标准如下。

1）设备质检点验收单齐全。

2）检修各项技术记录、试验报告和质检点验收报告等原始记录正确、详细、整洁。

3）各项数据符合质量标准的要求。

4）检修后现场及设备整齐、清洁、标志齐全。

（2）不合格。凡达不到"合格"条件的设备评为"不合格"。对于验收不合格的项目，技术质量组质量验收人员有权行使质量否决权，限期整改，同时对检修执行部门或外包单位提出考核；如果属于不符合项，则转入不符合项处理流程。不符合项管理依据相关规定执行，本工程施工过程杜绝不合格项的产生。

4. 现场管理总结

项目技术负责人负责专业项目的安全质量管理工作，及时解决、反映施工过程中的质量问题，确保工程质量、安全和进度处于受控状态。

专业组技术员应认真按要求提前做好标准化作业指导书、施工方案和工艺标准的学习，并监督施工方按要求进行施工，做好检修施工全过程的检查检验，W/H 点的验证试验，掌握工作进度，确保每个工作点的施工安全、质量、环境控制。班组技术员负责本班施工项目的日常质量管理工作和质量复检工作，指导督促项目工作人员严格执行下发的各类技术标准、作业指导书和施工安全技术措施方案等技术文件。

工作负责人和检修人员应认真按标准化作业指导书、方案和规定的工艺标准要求进行施工,做好检修施工、调试、试验的原始记录,对施工中出现的质量问题及时向班组长反映,确保每个工作点的施工质量控制。

5. 考核评价

(1) 认真执行业主单位制定的质量管理制度,明确落实各级质量管理人员的职责及权限,使所有检修质量活动均处于受控状态。

(2) 认真组织所有参加检修人员进行相关标准、规范的学习,在生技部技术交底后,项目部开展对各工作面的技术交底工作。在检修项目开工前,工作负责人要对工作班成员进行技术交底,明确工作内容、质量标准和工艺要求。

(3) 检修人员要有严格的质量意识,严把检修施工质量关,在检修中严格执行相关标准、规范、规程的规定,严格按照《检修作业指导书》及经业主方批准的施工方案进行工作。同时,在检修过程中,检修人员要做好技术记录,记录的主要内容包括:设备技术状况、存在问题、修理内容、系统和设备结构改动、测量数据和试验结果等。所有检修记录应做到完整、准确、简明、实用。检修过程中发现的专业技术重大难题,必须及时通知项目部和技术专业技术人员。

(4) 各个项目严格执行三级质量验收制度,加强检修工序 Q/W/H 点的质量签证,质检点的签证和检修项目的三级验收必须双方签字确认。

(5) 项目部各级技术人员要加强检修现场检修质量的监督检查和指导,发现问题及时提出整改方案。

第二章

水电机组进度管理

本章主要从水电机组项目进度计划的概念、分类、计划目标的确定为切入点，通过对计划里程碑的设置，计划编制的依据和方法的介绍，了解计划管理在水电检修管理中的作用，进而利用横道图计划编制方法、网格进度编制方法来制定水电机组检修的计划，并通过计划的控制、实施以及计划的调整管理水电机组现场检修工作。

第一节 项目进度计划

一、计划的概念

1. 计划的含义

"计划"作为动词来说，通常是指管理者确定必要的行动方针，以期在未来的发展中能够实现目标的过程，实际上也就是计划工作。计划工作包括估量机会、建立目标、制定计划、贯彻落实、检查修正等内容。而"计划"作为名词，则是指对未来活动所做的事前预测、安排和应变处理。

计划是未来行动的蓝图，是为实现组织目标而对未来行动所做的综合的统筹安排。它是未来组织活动的指导性文件，提供从目前通向未来目标的道路和桥梁。计划包括确定组织的目标、制定全局计划以实现这些目标，制定全面的分层计划体系以综合和协调各种活动。因此，计划涉及目标（做什么），也涉及达到目标的方法（怎么做）。

管理者们为什么做计划？这是因为计划可以给出方向，减小变化的冲击，使重复、浪费减至最少，以及设立标准以利于控制。总之，计划对管理者来说是非常重要的。计划是一种协调过程，它给管理者和非管理者指明方向。当所有有关人员了解了组织的目标和为达到目标他们必须做出什么贡献时,他们就能开始协调他们的活动,互相协作,结成团队。缺乏计划会走许多弯路,从而使实现目标的过程失去效率。

计划通过预见变化,促使管理者展望未来,以减少不确定性。为了制定合理的计划,管理者必须随时关注外部环境的变化,把握其未来的变化趋势,并采取措施加以预防。在水电机组检修中,再好的计划也不能消除变化,因此计划是为了预测各种变化和风险,并对它们作出迅速、有效的反应。计划有助于合理配置资源,提高管理效率,保证组织目标的实现。计划就是要对组织的有限资源,进行优化配置和使用,并对管理活动的各个方面做出周密的安排,综合平衡,从而减少了重复和浪费活动。

计划设立了目标和标准以便于进行控制。如果我们不清楚要达到什么目标,如何判断我们已经达到了目标呢?在计划中我们设立目标,而在控制职能中,我们将实际的绩效与目标进行比较,发现可能发生的重大偏差,采取必要的校正行动。所以说,没有计划也就没有控制。控制中几乎所有的标准都来自计划。

2. 水电机组检修计划的性质

(1) 目的性。每一个计划及其辅助计划都是为了保证机组检修工期、质量,使检修工作能够按照预先安排的进程检修,时间节点可控。没有计划,一项检修工作就很难实现目标,检修工期也很难得到保障。

(2) 首位性。检修计划工作相对于其他管理职能处于首位。从检修管理过程的角度看,计划、组织、领导和控制等方面的管理活动都是为了实现机组检修的工期目标。计划工作必须先于其他管理职能。在实际工作中,所有职能交织成一个行动网络,但计划工作有它特殊的地位,因为它牵涉到整个集体去努力完成的目标。此外,检修管理人员必须制定计划以了解需要什么样的组织关系和人员素质,按什么方针去指导检修人员工作,以及采用什么样的控制方法。因此,要使其他管理职能发挥效用,必须首先做好计划。

(3) 普遍性。虽然检修计划工作的特点和范围随制定计划的方法不同而不同,但它却是检修各级管理人员的一个共同职责。所有的管理人员,无论是项目经理还是班组长或工作负责人,都要从事计划工作。项目经理的主要任务是做决策,而决策本身就是计划工作的核心。如果不给管理人员一定程度的自主权和制定计划的责任,在实际检修期间就会出现因意外或其他未知因素导致的工期延误,从而影响整个检修管理。

(4) 效率性。计划工作的任务不仅要确保总目标的实现,而且要在众多可能性的工期安排中选出最合理的工期计划，通盘考虑机械、一次、二次等专业的协调配合，在实现总工期的过程中合理地利用资源和提高效率。计划工作的效率还体现在同一专业不同工作面之间的配合，检修计划的制定中，要综合考虑不同工作面之间的配合，比如发电机盘车时其他专业面的工作，以最大限度的利用工期计划时间，完成检修任务。

（5）创新性。计划工作总是针对需要解决的新问题和可能发生的新变化、新机会而做的，因而它是一个创造性的管理过程。正如一项新产品的成功在于创新一样，成功的计划也依赖于创新。综上所述，计划工作是一项指导性、预测性、科学性和创造性很强的管理活动，但同时又是一项复杂而困难的工作。

二、计划的分类

检修计划的分类，可以根据表达形式、项目划分粗细进行分类。业主方和项目各参与方可以构建多个不同的项目进度计划系统。

1. 由不同深度的计划构成进度计划系统

（1）总进度计划。总进度计划是水电机组检修项目的总体时间和计划要求，总进度计划的制定，一方面，将项目的整体时间进行划定，总工期控制和各单项工程控制均不得超过总进度计划；另一方面，在总进度计划中设置里程碑关键节点，指导业主方和项目检修方控制整个项目的进度。总进度计划的设立业主方应统筹考虑，包括电厂防洪度汛要求、人力资源配置、设备到货情况，针对不能在总进度计划中全面体现的工作，应合理安排在总进度计划中。

（2）项目子系统进度计划。项目子系统进度计划是总进度计划的组成部分，子系统进度计划应在总进度计划内制定，不得超过项目总进度计划，常见的水电机组检修项目子进度计划包括：水轮机进度计划、发电机进度计划、二次进度计划、防腐进度计划等。也可以将子进度计划设置为月进度计划、周进度计划。项目子系统进度计划设置的难点是不同工作面之间交叉进行，通常一个水电检修项目由不同的专业同时进行，不同专业之间存在交叉作业、配合作业的情况，子系统进度计划的设置应充分考虑不同专业之间工作面情况，防止由于进度计划设置不合理导致的工期冲突。

（3）项目子系统中的单位工程进度计划。单位工程检修进度计划是在确定总检修进度计划的基础上，根据规定工期和各种资源供应条件，按照检修过程的合理检修顺序以及检修组织的原则,用图表形式(横道图和网络图),对一个工程从开始检修到工程全部竣工的各个项目,确定其在时间上的安排和相互间的搭接关系。单位工程检修进度计划是编制月计划、周计划等子系统工作计划各项资源需要量计划的基础。所以,检修进度计划是单位工程检修组织设计中的一项非常重要的内容。单位工程检修进度计划的编制程序如图2-1所示,主要依据下列资料。

1)过审批的检修图、单位工程全套检修图、工艺设计图、设备及其基础图、采用的各种标准图等图纸以及技术资料。

2)检修组织总设计对本单位工程的有关规定。

3)检修工期要求及开、竣工日期。

4)检修条件、劳动力、材料、构件及机械的供应条件、分包单位的情况。

5)主要分部分项工程的检修方案,包括检修程序、检修段划分、检修流程、检修顺序、检修方法、技术组织措施等。

6)检修定额。

7)其他有关要求和资料,如工程合同等。

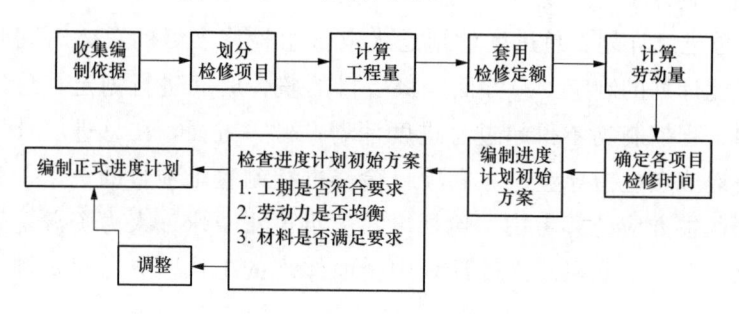

图2-1 单位工程检修进度计划的编制程序

2. 由不同功能计划构成的进度计划系统

(1)控制性进度计划。控制性进度计划的主要原则是要求整个检修的工期,不得在检修中超过控制性进度计划。控制性进度计划在设置时需要综合考虑检修工程的难度、要求和水电机组的检修情况,控制性进度计划应在设置时留出可操作空间,但同时不能将控制性进度计划设置的过于宽泛。水电机组检修由于工作的特殊性,从经济性和安全性考虑,检修计划应避开汛期。

(2)指导性进度计划。指导性进度计划的设置原则是考虑水电机组检修的特殊性,一般在B修及以上机组检修中,设备在拆除、检查、安装过程中会遇到问题从而影响机组的整体计划实施,指导性计划应在检修总工期内,单位工程的计划中对可能存在的问题进行预留处理时间。比如水电机组盘车工作的计划时间，往往设置成指导性进度，具有一定的弹性计划。

（3）实施性（操作性）进度计划。实施性（操作性）进度计划的编制要避免过于粗糙，不得只列出大项工程，应将检修项目的尽量列的详细，明确到分项工程和更具体的内容，以满足指导检修作业的需要，如发电机专业检修，应列出油冷器清扫、机架检查清扫、转子测圆、定子测圆、轴承检查、盘车、受力调整、中心调整、瓦间隙调整等。

3. 由不同项目参与方的计划构成进度计划系统

（1）业主编制的整个项目实施的进度计划。业主编制的整个项目实施进度计划，是业主单位对项目的整体把控，业主方在编制整体检修进度计划时，主要考虑在批准的机组停役时间内完成机组检修工作，还应考虑检修工作的资源、人员配置、分包工程的工期进度。业主编制的实施进度是检修项目的总体要求，单位项目进度计划和分包单位的进度计划都应在业主编制的进度计划内制定。

（2）设计进度计划。设计进度计划是设计单位制定的进度计划。设计进度计划在检修项目的初期具有重要指导意义，用于安排自设计准备开始至检修图设计完成的总设计时间所包含的各阶段工作的开始时间和完成时间，从而确保设计总进度目标的实现。

1）设计准备工作进度计划。一般考虑规划设计条件的确定、设计基础资料的提供及委托设计等工作的时间安排。提前准备好设计勘察提纲，熟悉项目情况、环境、资源及相关流程，收集相关资料，保证严格按设计合同要求的现场勘察的程序和时间进行勘察。

2）初步设计工作进度计划。要考虑方案设计、初步设计、技术设计、设计的分析评审、概算的编制、修正概算的编制以及设计文件审批等工作的时间安排，按单位工程编制。为了控制专业的设计进度，并作为设计人员分配设计任务的依据，根据检修图设计工作进度计划、单位工程设计工日及所投入设计人员数，编制设计作业进度计划。设计进度的计划编制应与建设部门沟通，确认后提交计划。

（3）检修进度计划。检修进度计划是检修组织设计的关键内容，是控制机组检修进度和检修期限等各项检修活动的依据，进度计划是否合理，直接影响检修速度、成本和质量。因此检修组织设计的一切工作都要以检修进度为中心来安排。

1）检修进度计划的编制原则。从实际出发，注意检修的连续性和均衡性；按合同规定的工期要求，做到好中求快，提高竣工率；讲求综合经济效果。

2）检修进度计划的编制方法。按流水作业原理的网络计划方法进行，流水作业是在分工协作和大批量生产的基础上形成的一种科学的生产组织方法。这样既保证了各作业面工作的连续性，又使后一道工序能提前插入检修，充分利用了空间，又争取了时间，缩短了工期，使检修能快速而稳定地进行。利用网络计划方法编制检修进度计划则可将整个检修进程联系起来，形成一个有机的整体，反映出各项工作（工程或工序）的工艺联系和组织联系，能为管理人员提供各种有用的管理信息。

4. 其他进度计划系统

除以上几种进度计划外，还有以不同周期的计划构成的进度计划系统，主要包括月度进度计划、周进度计划、日进度计划等。

在项目进度计划系统中，进行各进度计划或各子系统进度计划编制和调整时必须注意其相互之间的联系和协调。

三、计划总目标的确定

检修项目总进度目标是指整个项目的进度目标，它是在检修项目决策阶段确定的。检修项目管理的主要任务就是在检修项目的实施阶段对检修项目目标进行控制。检修项目总进度目标的控制是业主方检修项目管理的主要任务。在检修项目的实施阶段，检修项目总进度目标包括以下几个方面。

1. 检修前准备阶段的工作进度

检修前准备的工作进度主要包括检修方案的编制、检修人员的确定、检修物资的申报、检修准备会的召开。检修前准备工作进度的安排能够影响检修阶段进度，往往一个检修项目检修准备是否充分，将决定检修项目能否按照整体进度完成检修。

检修前准备阶段应重点做好检修准备会的召开，在检修准备会召开前期，做好会议资料准备工作，其中就包括检修期间检修进度计划的编制和审批。检修准备会期间还应做好检修"三措一案"的编制和审批，讨论并确定检修项目。

2. 检修进度

检修进度的目标确定，应明确重要检修节点，如修前试验、转子吊出、转轮吊出、转轮吊入、转子吊入、静态验收、动态试验、试运行等。

3. 检修物资采购工作进度

检修物资采购工作进度应以不影响检修进度为前提，一般来说物资采购要在检修前进行统一申报，包括常用耗材、劳保用品、需更换的备品备件。检修前应根据检修项目对备品备件进行清查，及时补充不足的备品备件。

检修期间对临时申报的物资要做好采购准备，防止因为临时需要的设备影响检修工期。

业主方应对常规检修项目制定物资申报资料库，物资申报资料库应定期更新。

4. 检修项目总进度目标控制

在进行检修项目总进度目标控制前，首先应分析和论证上述各项工作的进度，和检修项目进度目标实现的可能性，以及上述各项工作进度的相互关系。若检修项目总进度目标不可能实现，则检修项目管理者应提出调整目标的建议，提请决策者审议。

在检修项目总进度目标论证时，往往还不能掌握比较详细的设计资料，也缺乏比较全面的关工程承发包的组织、检修组织和检修技术方面的资料以及其他有关项目实施条件的资料。因此，总进度的目标论证并不是单纯的总进度规划的编制工作，它涉及许多检修项目实施的条件分析和策划方面的问题。

A/B级检修项目总进度目标的论证核心工作是通过编制总进度纲要论证目标的实现可能性，总进度纲要的主要内容包括以下几点。

（1）检修项目实施的总体部署。项目实施的总体部署应从项目整体设置、项目情况等方面做出整体介绍，对项目总体方针、进度措施、技术措施等方面进行明确。

1）合理管理检修。根据实际情况要求检修总体进度，对检修进度、资源实行动态管理，及时修正实施过程中的偏差，使检修始终处于受控状态。认真检查管理检修人员及机械及设备的进场安装、调试，确保检修人员的合理配置。合理要求检修队伍划分检修流水段，科学安排各工种的交叉检修作业。加强检修现场例会制度，及时解决矛盾、协调关系，保证检修进度。检查材料准备工作，保证各项检修材料能按时、按质、按量到场，从而确保不出现作业人员等材料的现象。

2）根据工期要求，检查配置工器具、人力。要做到人员配置充足，专业齐全；工器具情况良好，能满足现场需要。设备和材料的供应是确保检修计划顺利实施的关键，要随时掌握设备、材料的到货情况，提高检修计划的预见性，做好安全工器具的检验工作，确保工器具都在检验期内，做好特种设备的管理工作。为保证工期，严检质量。杜绝返工、停工，建立完善的质量保证体系。为加强现场管理，要求检修队伍建立、健全现场各组织机构，包括项目经理部组织机构、质量组织机构、安全组织机构、技术组织机构、HSE组织机构等。主动做好与检修人员的配合，建立密切的工作联系，及时协调解决检修过程中出现的问题，以保证检修工作顺利进行。在总体部署方案中，还应明确质量控制、安全控制的要求。

（2）总进度规划。检修项目总进度规划要合理安排检修顺序，保证在劳动力、设备、物资以及资金消耗最少的情况下，按照规定时间完成检修项目。应采用合理的检修方法，使检修项目连续、均衡进行。

1）检修项目的总进度编制依据。应该以检修项目的设计、有关概算、合同规定的检修时间以及总体检修计划为主。

2）检修项目总进度规划的内容。一般包括划分检修工程项目并确定检修顺序、估算各项目的工程量和检修期限、搭接各检修项目并编制初步进度计划、调整初步计划并最终确定总进度计划。

（3）各子系统进度规划。检修项目子系统的进度规划应该以总进度计划为依据，并按照总进度计划内的分项检修进度计划进行编制。子进度计划的编制相较于总进度规划，应该更为详细，并列出子进度内各项具体工作的进度计划，使得子进度计划具备更高的可操作性。

四、计划里程碑关键点的设置

编制里程碑计划是由项目的关键管理者召开项目启动专题会议共同讨论和制定，并不是由一个或者少数几个人拍脑袋来确定，里程碑目标一定要明确。通过这种集体参与的方式比项目经理独自制定里程碑计划并强行要求项目组执行要好得多，它可以使里程碑计划获得更大范围的支持。一般启动专题会议参会人数不应超过 6 人，人太多了不利于意见的统一。编制里程碑计划的具体步骤一般如下。

1. 认可终的里程碑

要求参会人员一致认可终的里程碑，并取得共识。这项工作在准备项目定义报告时就应完成。

2. 集体讨论所有可能的里程碑

集体讨论所有可能的里程碑，与会成员通过头脑风暴法，把这些观点一一记录在活动挂图上，以便选择终的里程碑。

3. 审核备选里程碑

得到的所有备选里程碑，它们中有的是另一个里程碑的一部分；有的则是活动，不能算是里程碑，但这些活动可以帮助我们明确认识一些里程碑。当整理这些里程碑之间的关系时，应该记录下各方的判断，尤其是判定那些具有包含关系的里程碑时。

4. 对各结果路径进行实验

把结果路径写在白板上，把每个里程碑各写在一张"便事贴"上，按照它们的发生顺序进行适当的调整和改变。

5. 用连线表示里程碑之间的逻辑关系

用连线表示里程碑之间的逻辑关系是从检修项目开始实行为起点，用倒推法画出它们的逻辑关系。这个步骤有可能会促使您重新考虑里程碑的定义，也有可能是添加新的里程碑、合并里程碑，甚至会改变结果路径的定义。

6. 确定终的里程碑计划

提供给负责人审核和批准。然后把确定的里程碑用图表的方式张贴在检修项目场所。

五、计划编制的依据

1. 项目总进度计划

（1）项目总进度计划概述。项目总进度计划是针对项目或项目群的实施而编制的实施进度计划，它是项目总体方案在时间序列上的反映。由于这种项目规模大、子项目多，因而其进度计划具有概略的控制性、综合性、预测因素多的特点，对进度只能起规划作用，用以确定各主要项目的检修起止日期，综合平衡各检修阶段（或检修年度、季度）检修项目工程量和投资分配。项目总进度计划应在检修组织总设计阶段编制完成。

（2）检修次目总进度计划编制依据。

1）检修合同，包括合同工期、分期分批子工程的开、竣工日期，关于工期提前、延误、调整的约定以及标前检修组织设计。

2）检修进度目标。为了确保进度目标的实现，发电企业可能有自己的检修进度目标，一般比合同目标更短。

3）工期定额。工期定额通常是承发包双方签订合同的依据，在编制检修总进度计划应以此为最大工期标准，力争缩短而绝对不能超过定额规定的工期。

4）有关技术经验资料，主要指设计文件，可供参考的检修档案资料（如类似工程的实际进度情况）、设备资料、环境资料、补充资料等。

5）检修部署与主要工程检修方案。检修总进度计划是检修部署在时间上的体现，所以编制时应在检修部署与主要工程检修方案确定以后进行。

（3）检修总进度计划的编制步骤。

1）收集编制依据。

2）确定进度编制目标。应在充分研究经检修策略、发电要求的前提下，确定一个比合同工期和指令工期更积极可靠（更短）的工期作为编制检修总进度计划的目标工期。

3）计算工程量。检修总进度计划的工程量综合性比较强，编制计划者可从图样计算得到。因为企业投标报价需要计算工程量，现在有些招标文件就附有工程量清单，所以也可利用这些工程量。

4）确定各单位工程的检修期限，和开、竣工日期。影响单位工程检修期限的因素很多，主要是机组类型、结构特征及检修规模、检修方法、检修经验、管理水平等，资源供应情况以及检修现场的环境、条件等。因此，各单位工程的工期应综合考虑上述因素并参考有关工程定额（或指标）、类似工程实际情况决定。

5）安排各单位工程的搭接关系。在不违背工艺关系（如设备安装与调试试验）的前提下，主要考虑资源平衡（如主要工种工人的连续作业）的需要，搭接越多，总工期越短。在具体安排时着重考虑以下几点。

a. 根据检修要求，兼顾检修可能，尽量分期分批的安排检修，明确每个检修阶段的主要单位工程开、竣工时间。

b. 同一时期安排开工项目不宜过多，其中检修难度大、工期长的应尽量先安排开工。

c. 每个项目的检修准备、拆除检修、设备安装、试运行在时间上要合理衔接。

d. 设备安调试应组织连续、均衡的流水检修。

6）编制检修总进度计划表。

a. 根据各单位工程（或单项工程）的工期与搭接关系，编制初步计划。

b. 按照流水检修与综合平衡的要求，调整进度计划得出检修总进度计划。

c. 依据总进度计划编制分期分批检修工程的开工日期、完工日期及工期一览表，资源需要量表等。

7) 编制说明书。检修总进度计划的编制说明书内容有本检修总进度计划安排的总工期、工期提前率（与合同工期比较）、检修高峰人数、平均人数、劳动力不均衡系数、本计划的优缺点、本计划执行的重点和措施及有关责任的分配等。

2. 单位工程检修进度计划

单位工程检修进度计划以检修方案为基础，根据规定工期、技术及物资的供应条件应遵循各检修过程合理的工艺顺序，统筹安排各项检修活动进行编制。它是针对单位工程的检修而编制的。这种进度计划所含检修内容比较简单，检修工期相对较短，故具有作业指导性。它为各检修过程指明了一个确定的检修日期，即时间计划，并以此为依据确定检修作业所必需的劳动力和各种物资的供应计划。单位工程检修进度计划通常由检修项目部在单位检修开始前编制完成。

3. 单位工程检修进度计划的编制依据

（1）项目管理目标责任。《项目管理目标责任书》中的 6 项内容均与单位工程检修进度计划有关，但最主要的还是其中的"应达到项目的进度目标"。这个目标既不是合同目标，也不是定额工期，而是项目管理的责任目标，不但有工期，而且有开工时间和竣工时间等。总之，凡是《项目管理目标责任书》中对进度的要求，均是编制单位工程检修进度计划的依据。

（2）检修总进度计划。单位工程检修进度计划应执行检修总进度计划中的开、竣工时间，工期安排，搭接关系以及说明书。在实施中如需调整，不能打乱总计划的部署，且应征得检修总进度计划审批者（企业经理或技术主管）的批准。

（3）检修方案。检修方案的选择先于检修进度计划确定，它所包含的内容都对检修进度计划有约束作用。其中检修方法直接影响检修进度的快慢；检修顺序就是检修进度计划的编制次序；检修设备的选择影响所涉及的子项目的持续时间，又影响总工期，对检修顺序也有制约。

（4）主要材料和设备的供应能力。检修进度计划编制的过程中，必须考虑主要材料和检修设备的供应能力，主要检查供应能否满足进度要求，这就需要反复平衡。一旦进度确定了，则供应能力必须满足进度的需要。

（5）检修人员的技术素质及劳动效率。检修项目的活动以人工为主，机械为辅。检修人员技术素质的高低影响着检修的速度和质量。作业人员技术素质必须满足规定要求，不能以"壮工"代替"技工"，作业人员的劳动效率要客观实际，并应考虑社会平均先进水平。

（6）检修现场条件、气候条件和环境条件。这些条件的摸底调查是编制检修计划的要求，也是以后检修调整的需要。

（7）已完成的同类检修实际进度及经济指标。这项依据既可参照、模仿，又可用来分析本计划的水平高低。

4. 单位工程检修进度计划的编制步骤

（1）熟悉图样和有关资料，调查检修条件。

（2）检修过程划分。任何机组的检修，都是由许多检修过程组成的。因机组类型、检修程度，每一台机组要完成的检修项目和内容也各不相同，具体如下。

1）检修过程的粗细程度。为使计划简明，便于执行，原则上应尽量减少检修过程的数目，能合并的项目尽量合并。关键是找到工作量大、工作持续时间长的主要检修过程。

2）检修过程应与检修方法一致。应结合检修方法进行划分，以保证进度计划能够完全符合检修进展的实际情况，真正起到指导检修的作用。

（3）编排合理的检修顺序。确定检修顺序是为了按照检修的技术规律和合理的组织关系，解决各项目之间在时间上的先后顺序和搭接关系，以期做到保证质量、安全检修、充分利用空间、手取时间，实现合理安排工期的目的。检修顺序是在检修方案确定的检修起点、流向、检修阶段的基础上，按照所选的检修方法和检修机械的要求确定的。确定检修顺序时，必须考虑工程的特点，按照技术上和组织上的要求以及检修方案等进行研究，不能拘泥于某种僵化的顺序。

（4）计算各检修工程的工程量。检修过程确定后，根据施工图及有关工程量计算规划，按划分的施工段的分界线，分层、分段分别计算各个检修过程的工程量，以便安排进度。工程量计算应与所采用的施工方法一致，工程量的计算单位应与采用的定额单位一致。

六、流水作业检修

生产实践证明，流水作业法是组织检修的理想方法，流水施工也是机组检修有效的科学组织方法。它建立在专业化大生产的基础上，但由于项目本身及其机组形式的特点不同，流水施工中是人员、机具在"机组"上流动，而一般工业产品的生产，其人员、机械设备是固定的，流动的是产品。

1. 流水作业组织方式

流水作业组织方式是将检修项目的整个建活动分解成若干个作业过程，可以是若干工作性质不相同的分部、分项工程或工序，同时将检修项目在平面上划分为若干个劳动量大致相等的施工段（区），这是实现"批量"检修的前提条件；在纵向上为了满足操作需要，往往需要划分为若干个施工层，按照作业过程分别建立相应的专业工作队（组），各专业工作队按照一定的检修顺序投入检修（不同的专业工作队在时间上最大限度地、合理地搭接起来），依次、连续地在各检修层、各检修段上按规定时间完成各自的检修任务，保证机组检修项目的检修全过程在时间上、空间上，有节奏、连续、均衡地进行下去，直到完成全部检修任务。

2. 确定流水作业的参数

流水施工是在工艺划分、时间排列和空间布置上的科学规划和统筹安排，使劳动力得以合理使用，资源供应也较均衡，无论是在缩短工期、保证工程质量方面，还是在提高劳动效率、降低项目成本等方面效果均显著。组织流水作业重要的是确定反映流水特征的工艺参数、空间参数和时间参数，主要有施工过程 n、施工段数 m、流水节拍 t、流水步距 k 等。

七、横道图计划

横道图进度计划法是一种传统方法，其横坐标是时间标尺，各工作的进度线与之相对应，这种表达方式简便直观、易于管理使用，依据它直接进行统计计算可得到资源需要量计划。横道图其纵坐标按照项目实施的先后顺序自上而下表示各工作的名称、编号，为了便于计划的审查与使用，在纵坐标上也可以表示出各工作的工程量、劳动量（或机械量）、工作队人数（或机械台数）、工作持续时间等内容。横道线段表示任务计划各工作的开展情况，工作持续时间、开始与结束时间。横道图实质上是图和表的结合形式，在检修中被广泛应用。

某电站的横道图编制示例如图 2-2 所示。

紧水滩电站6号机组改造与A级检修施工进度计划

编号	分组名	工作名称	持续时间	开始时间	结束时间
1	解体阶段	解体阶段	12	21-10-21	21-11-01
2		落进水口检修闸门/尾水门/开蜗壳、尾水管进人孔门	1	21-10-21	21-10-21
3		导叶端立面间隙测量/推力、下导油槽解体、水导轴承间隙测量	3	21-10-21	21-10-23
4		搭尾水检修平台/迷宫间隙测量/接力器推拉杆分解	2	21-10-24	21-10-25
5		主轴分解/拔推力头、吊上机架/联平衡梁/吊转子	3	21-10-25	21-10-27
6		拆吊下机架/井字架/水导/控制环/接力器	2	21-10-28	21-10-29
7		顶盖、导叶、底环吊出/转轮、主轴整体吊出	3	21-10-30	21-11-01
8		新旧部件交界面尺寸测量/转轮与主轴分解	10	21-10-25	21-11-03
9	改造施工	改造施工	75	21-11-02	22-01-15
10		转子磁极键、连接线、引线及磁极拆除/磁轭拆除/转子支架解体	17	21-11-03	21-11-19
11		转子支架就位/磁轭叠片/磁极挂装	42	21-11-20	21-12-31
12		励磁大线安装/制动块安装/挡风板安装	15	22-01-01	22-01-15
13		尾水管锥管段改造、防腐/蜗壳进人门改造、防腐	31	21-11-10	21-12-10
14		上机架/下机架/下导轴承/推导轴承预装	45	21-11-27	22-01-10
15		调速器油压系统改造	10	21-11-26	21-12-05
16		水轮机主轴、水导轴承改造/技术供水改造	55	21-12-06	22-01-29
17		压变/机组母线(压变)接地柜改造/整流变低压闸刀改造	41	21-11-10	21-12-20
18		机组温度测控系统改造	88	21-11-03	22-01-29
19	检修阶段	检修阶段	75	21-11-02	22-01-15
20		水轮机检修	72	21-11-02	22-01-12
21		工作门启闭机检修/拦污栅防腐	15	21-12-11	21-12-25
22		发电机检修	25	21-11-04	21-11-28
23		调速器检修	68	21-11-04	22-01-10
24		一次设备检修	56	21-11-02	21-12-27
25		二次设备检修	113	21-11-04	22-02-24
26	安装阶段	安装阶段	39	22-01-16	22-02-23
27		转轮与主轴整体吊入机坑	0	22-01-16	22-01-16
28		底环、导叶、顶盖、套筒、拐臂安装	6	22-01-17	22-01-22
29		接力器、控制环、井字架、下机架吊装	2	22-01-23	22-01-24
30		转子吊装	2	22-01-25	22-01-26
31		上机架安装、推导轴承安装	2	22-01-27	22-01-28
32		发电机单独盘车	10	22-01-29	22-02-07
33		水发连轴/机组中心、受力、轴线调整	7	22-02-08	22-02-14
34		水导轴承/上导轴承/下导轴承间隙调整	3	22-02-15	22-02-17
35		机组充油、充压/静态调试	5	22-02-18	22-02-22
36		拆尾水平台/提尾水门/提检修门/放入拦污栅	2	22-02-23	22-02-24
37	修后试验	机组修后试验	10	22-02-24	22-03-05
38		机组启动试验/动平衡试验	3	22-02-24	22-02-26
39		机组温升试验/过速试验	2	22-02-27	22-02-28
40		机组电气试验	2	22-03-01	22-03-02
41		机组稳定性试验/甩负荷试验/机组72小时试运行	3	22-03-03	22-03-05

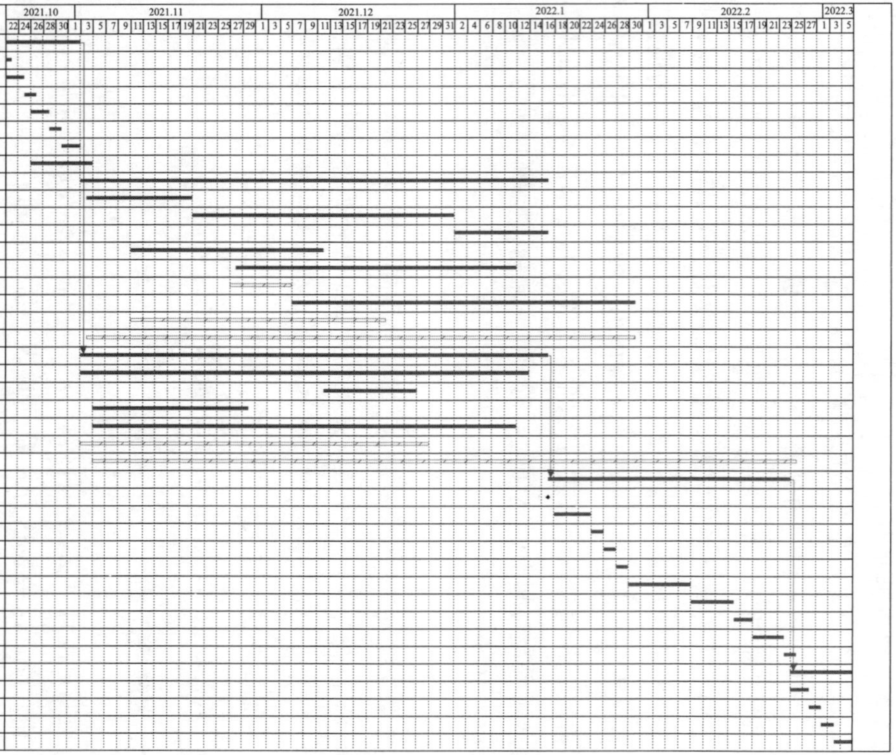

图 2-2　某电站的横道图编制示例

第二节 网络进度编写及控制

一、网络计划概念及说明

网络计划技术是20世纪50年代后期发展起来的一种科学的计划管理和系统分析方法。1956年，美国杜邦化学公司的工程技术人员和数学家共同开发了关键线路法（Critical Path Method，CPM），并将其首次运用于化工厂的建造和设备维修，大大缩短了工作时间，节约了费用。1958年，美国海军军械局针对舰载洲际导弹项目研究，开发了计划评审技术（Program Evaluation and Review Technique，PERT）。该项目运用网络方法，将研制导弹过程中的各种合同进行综合权衡，有效地协调了成百上千个承包商的关系，而且提前完成了任务，并在成本控制上取得了显著的效果。20世纪60年代初期，网络计划技术在美国得到了推广，一些新建工程全面采用这种计划管理新方法，并且该方法开始引入日本和西欧其他国家。目前，它已广泛地应用于世界各国的工业、国防、建筑、运输和科研等领域，已成为发达国家盛行的一种现代生产管理的科学方法。随着计算机的应用和普及，还开发了许多网络化技术的计算和优化软件。

我国对网络计划技术的研究与应用起步较早，1965年，著名数学家华罗庚教授首先在我国的生产管理中推广和应用这些新的计划管理方法，并根据网络计划统筹兼顾、全面规划的特点，将其称为统筹法，从而推动了我国项目管理技术的发展。改革开放以后，网络计划技术在我国的工程建设领域也得到迅速的推广和应用。《网络计划技术 常用术语》（GB/T 13400.1—2012）、《网络计划技术 网络图画法的一般规定》（GB/T 13400.2—2009）、《网络计划技术 在项目计划管理中应用的一般程序》（GB/T 13400.3—2009），及《工程网络计划技术规程》（JGJ/T 121—2015），使工程网络计划技术在计划的编制与控制管理的实际应用中有了一个可遵循的、统一的技术标准，保证了计划的科学性，对提高项目管理水平发挥了重大作用。

网络计划技术的基本模型是网络图。网络图是由箭线和节点组成的，用来表示工作流程有向、有序的网状图形。所谓网络计划，是用网络图表达任务构成、工作顺序，并加注时间参数的进度计划。

二、网络计划的特征

(1) 网络计划把各工作的逻辑关系表达得非常清楚，其实质上表示了项目活动的流程网络图就是一个工作流程图。网络中的符号与基本工作一一对应，可以容易地看出各个工作的先后顺序或工作间的制约关系。

(2) 通过网络分析，能够为项目组织者提供丰富的信息（时间参数）。

(3) 十分清晰地判明关键工作。这一点对于计划的调整和实施来说非常重要。

(4) 可以很方便地进行工期、成本、资源的优化。

(5) 可以提高预见性，作为进度风险分析的基础，可以帮助管理和控制项目中的不确定程度，提高项目的应变能力。

(6) 网络计划方法有普遍的适用性，特别对于复杂的大型项目更显出其优越性。对于复杂的网络计划，网络图的绘制、分析优化和使用往往可以借助计算机来进行。综合国内外在网络计划技术上的分类和特点，本章重点介绍双代号网络计划、双代号时标网络计划、单代号网络计划和单代号搭接网络计划 4 种类型。

三、双代号网络计划的应用

1. 基本概念

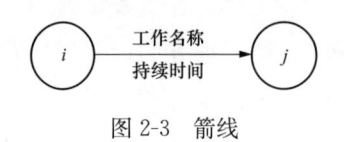

图 2-3 箭线

(1) 箭线（工作）。工作泛指一项需要消耗人力、物力和时间的具体活动过程，也称工序、活动、作业。双代号网络中，每一条箭线表示一项工作。箭线的箭尾节点 i 表示该工作的开始，箭线的箭头节点 j 表示该工作的完成。工作名称标注在箭线的上方，完成该项工作所需要的持续时间标注在箭线的下方，如图 2-3 所示。由于一项工作需要用一条箭线和其箭尾、箭头处两个圆圈中的号码来表示，故称为双代号表示法。

(2) 节点（事件）。节点即网络图中箭线之间的连接点。在时间上节点表示指向某节点的工作全部完成后该节点后面的工作才能开始的瞬间，反映前后工作的交接点。网络图中节点有起点节点、终点节点及中间节点 3 个类型。双代号网络图中，节点应用圆圈表示，并在圆圈内编号（见图 2-3），一项工作应当只有唯一的一条箭线和相应的一对节点，且要求箭尾节点的编号要小于其箭头节点的编号，即 $i<j$。网络图节点的编号顺序应从小到大，可不连续，但不允许重复。

(3) 线路。网络图中的线路是指从起点节点开始，沿箭头方向顺序通过一系列箭线与节点，最后达到终点节点的通路。在一个网络图中可能有很多条线路，线路中各项工作持线时间之和就是该线路的长度，即线路所需要的时间。一般网络图有多条线路，可依次用该线路上的节点代号来记述。在各条线路中，有一条或几条线路的总时间最长，称为关键线路，一般用双线或粗线标注。其他线路长度均小于关键线路，称为非关键线路。

(4) 逻辑关系。逻辑关系是指网络图中工作之间互相制约或互相依赖的关系，包括工艺关系和组织关系，在网络中均应表现为工作间的先后顺序。

2. 绘图规则

(1) 双代号网络图必须正确表达已定的逻辑关系。

(2) 双代号网络图中，严禁出现循环回路。所谓循环回路是指从网络图中的某一个节点出发，顺着箭线方向又回到了原来出发点的线路。

(3) 双代号网络图中，在节点之间严禁出现带双向箭头或无箭头的连线。

(4) 双代号网络图中，严禁出现没有箭头节点或没有箭尾节点的箭线。

(5) 当双代号网络图的某些节点有多条外向箭线或多条内向箭线时，为使图形简洁，可使用母线法绘制（但应满足一项工作用一条箭线和相应的一对节点表示）。

(6) 绘制网络图时，箭线不宜交叉。当交叉不可避免时，可用过桥法或指向法。

(7) 双代号网络图中应只有一个起点节点和一个终点节点（多目标网络计划除外），而其他所有节点均应是中间节点。

(8) 双代号网络图应条理清楚，布局合理。比如，网络图中的工作箭线尽可能用水平线或斜线；关键线路、关键工作安排在图面中心位置，其他工作分散在两边；避免倒回箭头等。

3. 双代号网络计划时间参数

双代号网络计划时间参数计算的目的在于通过计算各项工作的时间参数，确定网络计划的关键工作、关键线路和计算工期，为网络计划的优化、调整和执行提供明确的时间参数。双代号网络计划时间参数的计算方法很多，常用的有按工作计算法和按节点计算法两种。本节只介绍按工作计算法。网络计算中几个重要的时间参数及其表示方法如下：

(1) 工作持续时间（D_{i-j}）。工作持续时间是一项工作从开始到完成的时间。

(2) 工期（T）。工期泛指完成任务所需要的时间，一般可分为计算工期、要求工期及计划工期 3 种。

1) 计算工期（T_c）。根据网络计划时间参数计算出来的工期。

2) 要求工期（T_r）。任务委托人所要求的工期。

3) 计划工期（T_p）。根据要求工期和计算工期所确定的作为实施目标的工期。网络计划中，如果已规定了要求工期 T_r，则 $T_p \leqslant T_r$；如果未规定要求工期 T_r，可令计划工期等于计算工期，这时 $T_p = T_r$。

四、单代号网络计划的应用

单代号网络图是以节点及其编号表示工作，以箭线表示工作之间逻辑关系的网络图，并在节点中加注工作代号、名称和持续时间，以形成单代号网络计划。

1. 单代号网络图的特点

单代号网络图与双代号网络图相比，具有以下特点。

(1) 工作之间的逻辑关系容易表达，且不用虚箭线，故绘图较简单。

(2) 网络图便于检查和修改。

(3) 由于工作持线时间表示在节点之中，没有长度，故不够形象直观。

(4) 表示工作之间逻辑关系的箭线可能产生较多的纵横交叉现象。

2. 单代号网络图的基本符号

(1) 节点。单代号网络图的每一个节点表示一项工作，节点宜用圆圈或矩形表示。节点所表示的工作名称、持续时间和工作代号等应标注在节点内。单代号网络图中的节点必须编号。编号标注在节点内，其号码可间断，但严禁重复。箭线的箭尾节点编号应小于箭头节点的编号。一项工作必须有唯一的节点及相应的一个编号。

(2) 箭线。单代号网络图中的箭线表示紧邻工作之间的逻辑关系，既不占用时间、也不消耗资源。箭线应画成水平直线、折线或斜线。箭线水平投影的方向应自左向右，表示工作的行进方向。工作之间的逻辑关系包括工艺关系和组织关系，在网络图中均表现为工作之间的先后顺序。

(3) 线路。单代号网络图中，各条线路应用该线路上的节点编号从小到大依次表述。

3. 单代号网络图的绘图规则

单代号网络图的绘图规则大部分与双代号网络图的绘图规则相同，故不再进行解释。

4. 单代号网络计划时间参数的计算

单代号网络计划时间参数的计算应在确定各项工作的持续时间之后进行。时间参数的计算顺序和计算方法基本上与双代号网络计划时间参数的计算步骤相同，所不同的是单代号网络计划时间参数的标注形式不一样。

五、网络计划的软件

施工网络计划图可采用 Microsoft Project 软件编制。

Microsoft Project 不仅可以快速、准确地创建项目计划，而且可以帮助项目经理实现项目进度、成本的控制、分析和预测，使项目工期大大缩短，资源得到有效利用，提高经济效益。

软件设计目的在于协助专案经理发展计划、为任务分配资源、跟踪进度、管理预算和分析工作量。第一版 Microsoft Project 发布于 1995 年，其后版本分别于 1998、2000、2003、2006 和 2012 年发布。

本应用程序可产生关键路径日程表（第三方 ProChain 和 Spherical Angle 也可提供关键链关联软件）。日程表可以以资源标准的，而且关键链以甘特图形象化。

另外，Project 可以辨认不同类别的用户。这些不同类的用户对专案、概观、和其他资料有不同的访问级别。自订物件如行事历、观看方式、表格、筛选器和字段可在企业领域分享给所有用户。

第三节　进度计划的实施与调整

一、计划控制

1. 横道图比较法

检修进度控制的目的是通过实际与计划进度进行比较，得出实际进度较计划要求超前或滞后的结论，并进一步判定计划完成程度，以及通过预测后期检修进度从而对计划能否如期完成做出事先估计等。

横道图比较法是指将检修实施过程中检查实际进度收集到的信息，经整理后直接用横道线并列于原计划的横道线处，以便进行直观比较的方法。细实线

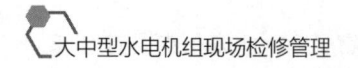

表示计划进度，粗实线表示检修施工的实际进度。

2. S形曲线比较法

从整个检修进展的全过程看，单位时间内完成的工作任务量一般都随着时间的递进而呈现出两头少、中间多的分布规律，即检修的开工和收尾阶段完成的工作任务量少而中间阶段完成的工作任务量多这样以横坐标表示进度时间、以纵坐标表示累计完成工作任务量而绘制出来的曲线将是一条S形曲线。S形曲线比较法就是将进度计划确定的计划累计完成工作任务量和实际累计完成工作任务量分别绘制成S形曲线，并通过两者的比较以判断实际进度与计划进度相比是超前还是滞后，以及得出其他各种有关进度信息的进度计划执行情况的检查方法。

3. 香蕉形曲线比较法

根据工程网络计划的原理，网络计划中的任何一项工作均可具有最早可以开始和最迟必须开始这两种不同的开始时间，而通过S形曲线比较法可知，一项计划工作任务随着时间的推移其逐日累计完成的工作任务量可以用S形曲线表示。于是，内含于工程网络计划中的任何一项工作，其逐日累计完成的工作任务量就必然都可以借助于两条S形曲线概括表示：①按工作的最早可以开始时间安排计划进度而绘制的S形曲线，称为ES曲线；②按工作的最迟必须开始时间安排计划进度而绘制的S形曲线，称为LS曲线。由于两条曲线除在开始点和结束点相互重合以外，ES曲线上的其余各点均落在LS曲线的左侧，从而使得两条曲线围合成一个形如香蕉的闭合曲线圈，故将其称为香蕉形曲线。

4. 前锋线比较法

前锋线比较法是一种适用于时标网络计划的实际与计划进度的比较方法。前锋线是指从计划执行情况检查时刻的时标位置出发，经依次连接时标网络图上每一工作箭线的实际进度点，在最终结束于检查时刻的时标位置而形成的对应于检查时刻各项工作实际进度前锋点位置的折线（一般用点画线标出），故前锋线又可称为实际进度前锋线。

简言之，前锋线比较法就是借助于实际进度前锋线比较工程实际与计划进度偏差的方法。

二、计划实施

1. 项目进度计划实施的原则

（1）系统性原则。项目是个总体，要保证项目按合同工期要求实现，应从总体目标要求出发，建立计划体系，使项目总进度计划、分部分项工程进度计划和月（句）作业计划互相衔接、互为条件，组成一个计划实施保证体系，最后以实施任务书的方式下达给队（组）以保证实施。

（2）透明性原则。项目进度计划实施前，要进行技术、组织、经济内容（要求）的"交底"提高透明度，使管理层与作业层一致，并在此基础上提出实施计划的技术、组织措施。

（3）管理标准化原则。项目进度计划的实施是一项例行性的工作，有制度作保证，应有一套工作规范，不能带随意性，不能以主观代替工作规律。

2. 项目进度计划实施的工作内容

（1）编制月（句）作业计划和项目任务书。

1）项目作业计划。项目作业计划是根据项目经营目标、进度计划和现场情况编制的月以下的具体执行计划，能够确保项目进度计划的实施。项目进度计划是实施前编制的，用于指导具体实施，但毕竟还是比较粗的，而且现场情况在不断化，因此，执行中需要编制作业计划使其具体化和切合实际。

2）项目任务书。项目任务书是将作业计划下达到班组进行责任承包，并将计划执行与技术管理、质量管理、承包核算、原始记录、资源管理等融为一体的技术经济文件，是班组进行施工的"法规"，首先必须保证作业计划的实现。所以它是计划和实施两个环节的纽带。

（2）做好记录，掌握现场实施的实际情况。"记录"就是如实记载计划执行中每个工序的开始日期、工作进程和结束日期。其作用是为了计划实施的检查、分析、调整和总结提供原始资料。因此，有 3 项基本要求：①要跟踪记录；②要如实记录；③要借助图表形成记录文件。

（3）做好调度工作。调度工作是正确指挥施工的重要手段，是组织施工各环节、各专业、各工种协调动作的核心方法。它的主要任务是掌握计划实施情况，协调关系，采取措施，排除实施中出现的各种矛盾，克服薄弱环节，实现动态平衡，保证作业计划进度控制目标的实现。

（4）项目进度计划的检查。项目进度计划检查的内容是在进度计划执行记录的基础上，将实际执行结果与原计划的规定进行比较，比较的内容包括开始时间、结束时间、持续时间、逻辑关系、实物量或工作量、总工期、网络计划的关键线路及时差利用等。

（5）检查结果的分析处理。项目施工进度检查要建立报告制度。进度报告是项目执行过程中，把有关项目业务的现状和未来发展趋势，以最简练的书面

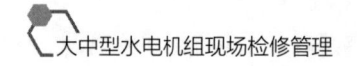

报告形式提供给项目经理及各业务职能部门负责人。

三、计划控制措施

进度控制的目的就是通过控制以实现项目的进度目标，即使项目实际完成时间不超过计划完成时间。进度控制所涉及的时间覆盖范围从项目立项至项目正式动用，所涉及的项目覆盖范围包括与项目动用有关的一切子项目（包括机械设备、二次设备、一次设备、辅助设备等）所涉及的单位覆盖范围包括设计、科研、材料供应、购配件供应、设备供应、施工安装单位及审批单位等，因此影响进度的因素相当多，进度控制中的协调也相当大。在项目实施过程中经常出现进度偏差，即实际进度偏离计划进度，需要采取相关措施进行控制和调整。

进度控制措施主要包括组织措施、管理措施（包括合同措施）、经济措施和技术措施。

1. 组织措施

组织是目标能否实现的决定性因素，因此进度纠偏措施应重视相应的组织措施。进度纠偏的组织措施主要包括以下内容。

（1）健全项目管理的组织体系，如需要，可根据具体情况调整组织体系，避免项目组织中的矛盾，多沟通。

（2）在项目组织结构中应有专门的工作部门和符合进度控制岗位资格的专人负责进度控制工作，根据需要还可以加强进度控制部门的力量。

（3）对于相关技术人员和管理人员，应尽可能加强教育和培训；工作中采用激励机制，如奖金、小组精神发扬、个人负责制和目标明确等。

（4）进度控制的主要工作环节包括进度目标的分析和论证、编制进度计划、定期跟踪进度计划的执行情况采取纠偏措施，以及调整进度计划，检查这些工作任务和相应的管理职能是否在项目管理组织设计的任务分工表和管理职能分工表中标示并落实。

（5）编制项目进度控制的工作流程，如确定项目进度计划系统的组成，各类进度计划的编制程序、审批程序和计划调整程序等，并检查这些工作流程是否得到严格落实，是否根据需要进行调整。

（6）进度控制工作包含了大量的组织和协调工作，而会议是组织和协调的重要手段；因此可进行有关进度控制会议的组织设计，明确会议的类型，各类会议的主持人、参加单位和人员，各类会议的召开时间，各类会议文件的整理、分发和确认等。

2. 管理措施

工程项目进度控制纠偏的管理措施涉及管理的思想、管理的方法、管理的手段、承发包模式、合同管理和风险管理等。在理顺组织的前提下，科学和严谨的管理显得十分重要。

(1) 可能存在的问题。在检修项目进度控制中，项目参与单位在管理观念方面可能会存在以下可能导致进度拖延的问题。

1) 缺乏进度计划系统的观念，分别编制各种独立而互不联系的计划，形成不了计划系统。

2) 缺乏动态控制的观念，只重视计划的编制，而不重视及时地进行计划的动态调整。

3) 缺乏进度计划多方案比较和选优的观念，合理的进度计划应体现资源的合理使用、工作面的合理安排，有利于提高建设质量，有利于文明施工和有利于合理地缩短建设周期等方面。

(2) 进度控制的管理措施。

1) 采用工程网络计划方法进行进度计划的编制和实施控制。如进度出现偏差时可改变网络计划中活动的逻辑关系。如将前后顺序工作改为平行工作，或采用流水施工的方法，将一些工作包合并，特别是关键线路上按先后顺序实施的工作包的合并，与实施者一起研究，通过局部地调整实施过程和人力、物力的分配，达到缩短工期的目的。

2) 承发包模式的选择直接关系到工程实施的组织和协调，因此应选择合理的合同结构，以避免过多的合同交界面而影响工程的进展。工程物资的采购模式对进度也有直接的影响，对此应作比较分析。

3) 分析影响工程进度的风险，并在分析的基础上采取风险管理措施，以减少进度失控的风险量。常见的影响工程进度的风险包括组织风险、管理风险、合同风险、资源（人力、物力和财力）风险和技术风险等。

4) 利用信息技术（包括相应的软件、局域网、互联网以及数据处理设备）辅助进度控制。虽然信息技术对进度控制而言只是一种管理手段，但它的应用有利于提高进度信息处理的效率、提高进度信息的透明度、促进进度信息的交流和项目各参与方的协同工作。尤其是对一些大型建设项目，或者空间位置比较分散的项目，采用专业进度控制软件有助于进度控制的实施。

3. 经济措施

工程项目进度控制的经济措施主要涉及资金需求计划、资金供应的条件和经济激励措施等。经济措施主要包括以下几项主要内容。

（1）编制与进度计划相适应的资源需求计划（资源进度计划），包括资金需求计划和其他资源（人力和物力资源）需求计划，以反映工程实施的各时段所需要的资源。通过资源需求的分析，可发现所编制的进度计划实现的可能性，若资源条件不具备，则应调整进度计划。资金供应条件包括可能的资金总供应量、资金来源（自有资金和外来资金）以及资金供应的时间。

（2）在工程预算中考虑加快工程进度所需要的资金，其中包括为实现进度目标将要采取的经济激励措施等所需要的费用。

4. 技术措施

工程项目进度控制的技术措施涉及对实现进度目标有利的设计技术和施工技术的选用。

（1）不同的设计理念、设计技术路线、设计方案会对工程进度产生不同的影响，在设计工作的前期，特别是在设计方案评审和选用时，应对设计技术与工程进度的关系作分析比较。在工程进度受阻时，应分析是否存在设计技术的影响因素，以及为实现进度目标有无设计变更的可能性。

（2）施工方案对工程进度有直接的影响，在选用时，不仅要分析技术的先进性和经济合理性，还应考虑其对进度的影响。在工程进度受阻时，应分析是否存在施工技术的影响因素，为实现进度目标有无改变施工技术、施工方法和施工机械的可能性，如增加资源投入或重新分配资源、改善工器具以提高劳动效率和修改施工方案。

四、计划调整

1. 调整的方法

项目实施过程中经常发生工期延误，发生工期延误后，通常应采取积极的措施赶工以弥补或部分地弥补已经产生的延误。主要通过调整后期计划、采取措施赶工、修改（调整）原网络进度计划等方法解决进度延误问题。发现工期延误后，如任其发展或不及时采取措施赶工，拖延的影响会越来越大，最终必然会损害工期目标和经济效益。有时刚开始仅一周多的工期延误，如任其发展或采取的是无效的措施，到最后可能会导致拖期一个月的结果，所以进度调整应及时有效。调整后编制的进度计划应及时下达执行。

（1）利用网络计划的关键线路进行调整。

1）关键工作持续时间的缩短，可以减小关键线路的长度，即可以缩短工期，要有目的地去压缩那些能缩短工期的工作的持续时间，解决此类问题最接近于实际需要的方法是"选择法"。此方法综合考虑压缩关键工作的持续时间对质量的影响、对资源的需求增加等多种因素，对关键工作进行排序，优先缩短排序靠前即综合影响小的工作的持续时间。

2）一切生产经营活动简单来说都是"唯利是图"，压缩工期通常都会引起直接费用支出的增加，在保证工期目标的前提下，如何使相应追加费用的数额最小呢？关键线路上的关键工作有若干个，在压缩其持续时间上，显然有一个次序排列的问题需要解决。

(2) 利用网络计划的时差进行调整。

1）任何进度计划的实施都受到资源的限制，计划工期的任何时段，如果资源需求量超过资源最大供应量，那这样的计划是没有任何意义的，它不具有实践的可能性，不能被执行。受资源供给限制的网络计划调整是利用非关键工作的时差来进行。

2）项目均衡实施，是指在进度开展过程中所完成的工作量和所消耗的资源量尽可能保持得比较均衡。反映在支持性计划中，是工作量进度动态曲线、劳动力需求量动态曲线和各种材料需要量动态曲线尽可能不出现短时期的高峰和低谷。工程的均衡实施优点很多，可以节约实施中的临时设施等费用支出，经济效果显著。使资源均衡的网络计划调整方法是利用非关键工作的时差来进行。

2. 调整的内容

进度计划的调整，以进度计划执行中的跟踪检查结果进行，调整的内容包括：①工作内容；②工作量；③工作起止时间；④工作持续时间；⑤工作逻辑关系；⑥资源供应。

可以只调整 6 项中一项，也可以同时调整多项，还可以将几项结合起来调整，以求综合效益最佳。只要能达到预期目标，调整越少越好。

(1) 关键路线长度的调整。

1）当关键线路的实际进度比计划进度提前时，首先要确定是否对原计划工期予以缩短。如果不拟缩短，可以利用这个机会降低资源强度或费用，方法是选择后续关键工作中资源占用量大的或直接费用高的予以适当延长，延长的长度不应超过已完成的关键工作提前的时间量，以保证关键线路总长度不变。

2）当关键线路的实际进度比计划进度落后（拖延工期）时，计划调整的任务是采取措施赶工，把失去的时间抢回来。

(2) 非关键工作时差的调整。时差调整的目的是充分或均衡地利用资源，降低成本，满足项目实施需要，时差调整幅度不得大于计划总时差值。需要注意非关键工作的自由时差，它只是工作总时差的一部分，是不影响紧后工作最早可能开始时间的机动时间。在项目实施工程中，如果发现正在开展的工作存在自由时差，要考虑是否需要立即利用，如把相应的人力、物力调整支援关键工作或调整到别的工程区号上去等，因为自由时差不用"过期作废"。关键是进度管理人员要有这个意识。

（3）增减工作项目。增减工作项目均不应打乱原网络计划中的逻辑关系。由于增减工作项目，只能改变局部的逻辑关系，此局部改变不影响总的逻辑关系。增加工作项目，只是对原遗漏或不具体的逻辑关系进行补充；减少工作项目，只是对提前完成了的工作项目或原不应设置而设置了的工作项目予以删除。只有这样才是真正调整而不是"重编"。增减工作项目之后应重新计算时间参数，以分析此调整是否对原网络计划工期产生影响，如有影响应采取措施消除。

（4）逻辑关系调整。工作之间逻辑关系改变的原因必须是施工方法或组织方法改变。但一般说来，只能调整组织关系，而工艺关系不宜调整，以免打乱原计划。

（5）持续时间的调整。在这里，工作持续时间调整的原因是指原计划有误或实施条件不充分。调整的方法是重新估算。

五、计划的总结

计划的总结应该在检修项目结束后，召开专门的计划总结会议，计划的总结是计划可行性以及后续实施的关键环节。

主要总结内容为：①计划的执行情况；②计划执行中的问题；③计划偏移原因；④计划优化建议。

大中型水电站运行检修系列

第三章

水电机组项目质量管理

本章主要围绕项目质量管理原则和基础工作、项目质量控制、项目竣工质量验收、工程质量统计方法4个方面，简要介绍了全面质量管理的含义、项目质量管理的原则及基础性工作等基本概念；阐述了项目质量控制目标、项目质量控制的基本原理、项目各阶段的质量控制等知识；叙述了竣工质量验收的内容和程序、文档资料验收和移交等规范；讲解了工程质量几种常用统计方法的应用知识，使读者对水电机组项目质量管理有了一个初步的了解。

第一节 项目质量管理原则和基础工作

一、全面质量管理的含义

1. 质量管理

质量管理是指在质量方面指挥和控制组织的协调的活动。与质量有关的活动，通常包括质量方针和质量目标的建立、质量策划、质量控制、质量保证和质量改进等。所以，质量管理就是确定和建立质量方针、质量目标及职责，并在质量管理体系中通过质量策划、质量控制、质量保证和质量改进等手段来实施和实现全部质量管理职能的所有活动。

(1) 工程项目质量管理。指在质量方面指导和控制组织的协调活动，工程项目质量管理包括了承包方和发包方的质量管理。发包方质量管理的主要任务是确定工程项目的质量标准、编制质量计划、进行质量监督和验收等；承包方的质量管理与一般产品生产法的质量管理类似，主要活动包括建立质量方针和目标、进行质量策划和质量控制，以及质量保证和质量的持续改进。

(2) 施工质量管理。指在工程项目施工安装和竣工验收阶段，指挥和控制施工组织关于质量的相互协调的活动,是工程项目施工围绕着使施工产品满足质量要求,而开展的策划、组织、计划、实施、检查、监督和审核等所有管理活动的总和。施工质量管理是工程项目施工各级职能部门领导的共同职责,而工程项目施工的最高领导即施工项目经理应负全责。施工项目经理必须调动与施工质量有关的所有人员的积极性,共同做好本职工作,才能完成施工质量管理的任务。

2. 全面质量管理

(1) 定义。全面质量管理是指一个组织以质量为中心,以全员参与为基础,目的在于通过让顾客满意和本组织所有成员及社会受益而达到长期成功的管理途径。具体来说,全面质量管理就是根据提高产品(工程)质量的要求,充分发动全体职工,综合运用现代科学和管理技术的成果,把积极改善组织管理、研究革新专业技术和应用数理统计等科学方法结合起来,实现对生产(施工)全过程各因素的控制,多快好省地研制和生产(施工)出用户满意的优质产品(工程)的一套科学管理方法。全面质量管理代表了质量管理发展的最新阶段。

(2) 基本思想。全面质量管理的基本思想是通过一定的组织措施和科学手段,来保证企业经营管理全过程的工作质量,以工作质量来保证产品(工程)质量,提高企业的经济效益和社会效益。我国专家总结实践中的经验,提出了"三全一多样"的观点,即推行全面质量管理,必须要满足"三全一多样"的基本要求。"三全"管理,即全面的质量管理、全过程的质量管理和全员参加的质量管理。"一多样"管理,即多方法的质量管理。

二、项目质量管理的原则

1. 坚持"质量第一"为根本

在质量与进度、质量与成本的关系中,要认真贯彻保证质量的方针,做到好中求快、好中求省,而不能以牺牲项目质量为代价,盲目追求速度与效益。工程质量必须达到设计要求和标准规范的规定。对工程项目的质量要严格要求,达不到标准要求的,应坚决返工,甚至推倒重建。

2. "一切为用户服务"的指导思想

"一切为用户服务"是质量管理系统运行的基本目标,就是要按用户的需求去设计产品、制造产品和销售产品并提供一切需要的服务,一切质量管理工作都是要保证向用户提供满意的产品。所谓用户,不仅是工程的使用者,而且还包括企业内部相邻的生产环节，如后车间是前车间用户，下道工序是上道工序的用户，基本生产是生产准备的用户，项目施工方是设计方的用户，设备安装方是土建方的用户等。可见"一切为用户服务"的思想观念比过去更全面，更深刻。

3."以预防为主"的思想

工程项目工序繁多、施工周期长，控制工序质量，以预防为主尤为重要。好的项目产品是由好的决策、好的规划、好的设计、好的施工所产生的，而不是检查出来的，必须在项目质量形成的过程中，进行抽样检测，统计分析，控制质量动态，发现质量不稳定时，分析原因，采取措施，消灭种种不符合质量要求的影响因素，使之处于相对稳定的状态之中。

4. 坚持全面质量管理

要保证产品和工程质量，则必须保证工作质量，全面质量管理就是对产品质量、工程质量和工作质量的管理。坚持全面质量管理，以保证和提高产品质量和工程质量为出发点，坚持为用户提供满意的产品为宗旨，组织全体职工参加，综合运用各种科学技术方法和组织管理方法，对从产品设计开始直至使用为止的全过程进行综合的、系统的管理。

5. 一切用数据说话

坚持质量标准、严格检查，一切用数据说话。质量标准是评价产品质量的尺度，数据是质量控制的基础。产品质量是否符合质量标准，必须通过严格检查，以数据为依据。依靠确切的数据和资料，应用数理统计方法，对工作对象和项目实体进行科学的分析和整理，研究项目质量的波动情况，寻求影响项目质量的主次原因，采取有效的改进措施，掌握保证和提高项目质量的客观规律。

三、项目质量管理的基础性工作

1. 质量教育

为了保证和提高建设项目质量，必须加强全体职工的质量教育，其主要内容如下。

（1）质量意识教育。要使全体职工认识到保证和提高质量对国家、企业和个人的重要意义，树立"质量第一"和"为用户服务"的思想。

（2）质量管理知识的普及宣传教育。要使企业全体职工了解质量管理知识的基本思想、基本内容，掌握常用的数理统计方法和质量标准，懂得质量管理小组的性质、任务和工作方法等。

（3）技术培训。让工人熟练掌握本人的"应知应会"技术和操作规程等。技术和管理人员要熟悉施工验收规范，质量评定标准，原材料、构配件和设备的技术要求及质量标准，以及质量管理的方法等。专职质量检验人员能正确掌握检验、测量和试验方法，熟练使用其仪器、仪表和设备。

2. 质量管理的标准化

质量管理的标准化包括技术工作和管理工作的标准化。技术工作标准有产品质量标准、操作标准、各种技术定额等，管理工作标准包括各种管理业务标准、工作标准等，即管理工作的内容、方法、程序和职责权限。质量管理标准化工作的要求如下。

（1）不断提高标准化程度。各种标准要齐全、配套和完整，并在贯彻执行中及时总结修订和改进。

（2）加强标准化的严肃性。要认真严格执行，使各种标准真正起到法规作用。

3. 质量管理的计量工作

计量工作包括生产时的投料计量，生产过程中的监测计量，和对原材料、半成品、成品的试验、检测、分析计量等工作，是全面质量管理的一项基础工作，质量管理的计量工作对于确保和提高产品质量具有重要作用，必须抓好以下具体工作。

（1）计量器具及仪器要正确合理使用。

（2）制定有关测试规程和制度，计量器具要定期检定。

（3）计量器具和仪器要妥善保管，始终保持良好工作状态和准确计量值。

（4）及时维修和报废更新计量器具和仪器。

（5）改革计量器具和测试法，实现检测手段现代化。

4. 质量信息工作

质量信息是反映产品质量、工作质量的有关信息。其来源是：①通过对项目使用情况回访调查或收集用户的意见；②从企业内部收集到的基本数据原始记录等信息；③从国内外同行业搜集的反映质量发展的新水平、新技术的有关信息等。

做好质量信息工作是有效实现"预防为主"方针的重要手段，其基本要求是准确、及时全面、系统。

5. 建立健全质量责任制

建立健全质量责任制能使企业每一个部门、每一个岗位都有明确的责任，形成一个严密的质量管理工作体系。质量责任制包括各级行政领导和技术负责人的责任制、管理部门和管理人员的责任制和工人岗位责任制。建立健全质量责任制的主要内容如下。

（1）建立质量管理体系，开展全面质量管理工作。

（2）建立健全保证质量的管理制度，做好各项基础工作。

（3）组织各种形式的质量检查，经常开展质量动态分析，针对质量通病和薄弱环节，制定措施加以防治。

（4）认真执行奖惩制度，奖励表彰先进，积极发动和组织各种质量竞赛活动。

（5）组织对重大质量事故的调查、分析和处理。

6. 开展质量管理小组活动

质量管理（Quality Control，QC）小组是质量管理的群众基础，也是职工参加管理和"三结合"攻关解决质量问题提高企业素质的一种形式。QC 小组的组织形式主要有两种：①由施工班组的工人或职能科室的管理人员组成；②由工人、技术（管理）人员、领导干部组成"三结合"小组。

第二节　项目质量控制

一、项目质量控制目标

1. 质量控制

质量控制是监视全过程，排除误差，防止变化，维持标准化现状的管理过程。这一过程是在明确的质量目标条件下通过行动方案和资源配置的计划、实施、检查和监督来实现预期目标的过程。

2. 项目质量控制主要内容

项目质量控制是指对于项目质量实施情况的监督和管理，主要内容包括项目质量实际情况的度量、项目质量实际与项目质量标准的比较、项目质量误差与问题的确认、项目质量问题的原因分析及采取纠偏措施以消除项目质量差距与问题等一系列活动。该过程是一项贯穿项目全过程的项目质量管理工作。

3. 质量控制与质量管理的关系和区别

质量控制是为了达到质量要求所采取的作业技术和活动。这就是说，质量控制是为了通过监视质量形成过程，消除质量环上所有阶段引起不合格或不满意效果的因素，以达到质量要求，获取经济效益，而采用的各种质量作业技术和活动。质量管理是为了实现质量目标，而进行的所有管理性质的活动，通常包括制定质量方针和质量目标以及质量策划、质量控制、质量保证和质量改进。

4. 项目的质量控制目标

项目的质量控制目标应严格贯彻国家强制性质量标准、建设管理部门组织规定的技术标准和质量要求。所有工程质量验收达到合格，争取达到优良标准。该目标由业主提出，是在项目策划阶段进行目标决策时确定的，是对项目质量提出的总要求，包括项目范围的定义、系统构成、使用功能与价值、规格以及应达到的质量等级等。

二、项目质量控制的基本原理

1. PDCA 循环原理

企业的每项生产经营活动，都可以分为产生、形成、实施及验证4个阶段，根据管理是一个过程的理论，美国质量管理专家戴明博士把它运用到质量管理中来，总结出"计划(Plan)→执行(Do)→检查(Check)→处理(Act)"四阶段的循环方式，简称PDCA循环，又称"戴明循环"。

PDCA循环是项目质量管理应遵循科学程序，其质量管理活动的全部过程，就是质量计划的制订和组织实现的过程，这个过程按照PDCA环不停顿地、周而复始地运转，总结起来，就是"大环带小环、小环推大环、周而复始、螺旋提升"。PDCA有3个特点、4个阶段、8个步骤，具体如下。

(1) 3个特点。周而复始、大环带小环、阶梯式上升。

(2) 4个阶段。计划阶段、执行阶段、检查阶段、处置阶段。

(3) 8个步骤。现状调查、原因分析、找出主因、制订计划、执行计划、检查效果、固化标准、下步计划。

2. 项目质量控制的重点

项目的质量控制是一个持续过程。首先，在提出项目质量目标的基础上，制订质量控制计划，包括实现该计划需采取的措施；其次，将计划加以实施，特别要在组织上加以落实，真正将项目质量控制的计划措施落实；再次，在实施过程中，还要经常检查、监测，以及评价查结果与计划是否一致；最后，对出现的质量问题进行处理，对暂时无法处理的质量问题重新进行分析，进一步采取措施加以解决。这一过程的原理就是PDCA循环。

在实施PDCA循环时，项目质量控制的重点是做好施工准备、施工验收、服务全过程的质量监督，抓好全过程的质量控制，确保工程质量目标达到预定

第三章 水电机组项目质量管理

的要求。具体措施如下。

(1) 健全组织制度，本着"谁主管，谁负责"的原则，项目经理亲自挂帅。建立质量创优领导小组，下属施工队也设相应的质量管理机构；各作业班组设兼职质检员，形成自上而下的质量管理网络。

(2) 将质量目标逐层分解到分部工程、分项工程，并落实到部门、班组和个人。以指标控制为目的，以要素控制为手段，以体系活动为基础，以保证在组织上加以全面落实。

(3) 开工前组织技术人员对设计图纸进行学习，充分了解设计要求及意图，召开开工动员大会，使所有施工者了解工程概况、施工内容、质量目标。

(4) 施工中，做到事事有标准，事事依标准；规范施工，对标检查，按标奖罚，用标准规范作业行为。把好技术交底关、操作程序和工序交接关、质量评定关。

(5) 加大质量权威，质检部门及质检人员根据公司质量管理制度可以行使质量否决权。

(6) 项目部每周组织一次质量检查，每月由总工程师组织一次质量检查，召开一次工程质量总结分析会。项目部组织每月质量检查评审，奖优罚劣。

3. 项目质量控制三阶段原理

项目质量控制的3个阶段分别为事前控制、事中控制、事后控制，这3个阶段不是孤立和截然分开的，它们之间构成有机的质量控制系统过程。

(1) 事前控制。事前控制就是要加强主动控制，要求预先针对如何实现质量目标进行周密合理的质量计划安排，事前控制包括质量目标的计划预控和质量活动的准备阶段控制。事前应制定详细的周密的质量计划，进行技术交底工作，所有计划必须建立在切实可行，有效实现预期质量目标的基础上，也就是施工部署工作。

(2) 事中控制。事中控制是针对工程质量形成过程中的控制，包括自控和监控两大环节。自控环节是对质量活动的行为约束，即质量产生过程各项技术作业活动实施者在相关制度的管理下的自我行为约束的同时，充分发挥其技术能力，取完成预定的质量目标的作业任务；监控环节对质量活动过程和结构由项目管理人员进行监督控制。事中控制的关键是加强具体操作人员的质量意识，发挥操作者自我控制和自我约束，即坚持质量标准是根本；项目部的监控是必要的补充，通过监督机制和激励机制相结合的管理办法，来发挥具体操作人员的自我控制能力，以达到质量控制的效果，是非常必要的。

(3) 事后控制。事后控制一般是指在输出阶段的质量控制。事后控制又称合格控制，包括对质量活动结果的评价认定和对质量偏差的纠正。从理论上分析，技术交底越是周密，事中约束监控的能力越强越严格，实现质量控制目标的可能性就越大，但在施工过程中不可避免的有些难于预料的影响因素，因此当出现质量实际目标和计划目标之间超出许可偏差时，必须分析原因，采取措施纠正偏差，保持质量受控状态。

4. 项目质量的"三全"控制原理

"三全"控制原理来自全面质量管理的思想，是指企业组织的质量管理应该做到全面、全过程和全员参与。在工程项目质量管理中应用这一原理，对工程项目的质量控制同样具有重要的理论和实践指导意义。

(1) 全面质量控制。全面质量控制是一种综合的、全面的经营管理方式和理念。它以组织全员参与为基础，代表了质量管理发展的最新阶段。起源于美国，后来在其他一些工业发达国家开始推行，并且在实践运用中各有所长，组织全员参与为基础的质量管理形式。在市场经济快速发展的今天，"质量第一""以质量求生存"已是一条不破的真理。只有内在要素达到要求，又为用户所需要的产品才算得上质量好的产品。全面质量控制即是一种能够保证产品质量的完善的科学管理体系，是现代企业系统中不可分割的组成部分，是企业管理的重要环节。

(2) 全过程质量控制。全过程质量控制是指按照工程质量的形成规律，从源头抓起，全过程推进。项目策划与决策、勘察设计、施工采购、施工组织与准备、检测设备控制与计量、施工生产的检验试验、工程质量的评定、竣工验收与交付、工程回访和保修过程。全过程质量控制要树立预防为主、不断改进的思想，根据这一基本原理，全面质量控制要求把管理工作的重点从"事后把关"转移到"事前预防"上来；强调预防为主、不断改进的思想；要树立为顾客服务的思想，要求项目所有相关利益者都必须树立为顾客服务的思想，使全过程的质量控制一环扣一环，贯穿整个项目全过程。

(3) 全员参与质量控制。全员参与项目的质量控制是工程项目各方面、各部门、各环节工作质量的综合反映。其中任何一个环节、任何一个人的工作质量都会不同程度地直接或间接地影响着项目的形成质量或服务质量。因此，全员参与质量控制，才能实现工程项目的质量控制目标，形成顾满意的产品。

三、项目各阶段的质量控制

1. 设计阶段质量控制

项目设计是项目实施的第一个阶段，这个阶段质量控制好了，就为保证整个项目质量奠定良好的基础。因此，项目设计阶段的质量控制是项目实施过程全面质量控制很重要的一个环节。

设计阶段质量控制的主要方法就是设计质量跟踪，也就是在设计过程中和阶段设计完成时，以设计招标文件、设计合同、监理合同、政府有关批文、各项技术规范和规定、气象、地区等自然条件及相关资料、文件为依据，对设计文件进行深入细致的审核。审核内容主要包括：图纸的规范性，建筑造型与立面设计，平面设计，空间设计，装修设计，结构设计，工艺流程设计，设备设计，水、电、自控设计，城规、环境、消防、卫生等部门的要求满足情况，专业设计的协调一致情况，施工可行性等方面。在审查过程中，特别要注意过分设计和不足设计两种极端情况。过分设计，导致经济性差；不足设计，存在隐患或功能降低。

项目的设计一般都要经过三个阶段，即方案设计、初步设计和施工图。针对每一设计阶段都规定相应工作内容、深度、质量标准及重点管理部位，并有具体责任者和审查人按各自的技术职责和质量标准完成要求，使每一设计阶段的质量都得到严密控制，从而切实保证工程的实际质量。

（1）方案设计。推行工程设计方案竞赛及招标，是降低工程造价、提高设计质量一个很好的途径，应以设计方案的优劣、设计进度的快慢、设计单位的资历、社会信誉等作为中标的依据。在评选设计方案时，可邀请对行业和项目情况比较熟悉的专家担任评审委员。在方案设计正式发出前，应进行内部审评，检查设计产品的功能性、安全性、经济性、可信性、可实施性、适应性、时间性，确定既满足业主方切实合理的需要、用途和目的要求，又符合适用的标准和规范、符合社会要求的最佳方案。

（2）初步设计。设计项目中标后，设计单位选好项目负责人，实行项目负责人负责制，按照《工程设计文件编制深度的规定》确定设计原则和深度要求，开始设计工作。

专家评审重点审查初步设计的完整性、项目是否齐全、有无遗漏项；设计基础资料可靠性，以及设计标准、装备标准是否符合预定要求；重点审查总平面布置、工艺流程、施工进度能否实现；总平面布置是否充分考虑方向、风向、采光、通风等要素；设计方案是否全面，经济评价是否合理。

设计单位根据专家评审意见和建设方意见对方案进行修改和调整，从而进一步落实设计深度要求。

（3）施工图设计。施工图设计是在初步设计、技术设计和方案设计的基础上进行详细、具体的设计,把工程和设备各构成部分尺寸、布置和主要施工做法等绘制出正确、完整和详细的施工图,并配以必要的详细文字说明。施工图设计的深度要求;能据以编制施工图预算;能据以安排材料、设备订货和非标准设备的制作;能据以进行施工和安装;能据以进行工程验收。

设计单位要认真把好施工图设计质量关,按规定在图纸上签字盖章,并承担相应的责任。

施工图设计的同时,明确有资格人员的担任审核人,实行专人审核,负责专业图纸(报告)的校审并持有质量否决权。施工图审核的主要原则:是否符合有关部门对初步设计的审批要求,是否对初步设计进行了全面、合理的优化,安全可靠性、经济合理性是否有保证是否符合工程造价的要求,设计深度是否符合设计阶段的要求,是否满足使用功能和施工工艺要求。审核人员在审核图纸的同时写下审核意见,然后设计人员按照意见加以修正和改进,并在该图同时必须写上每条意见的处理结果,经评定人复审认可签字后方可出图,确保设计文件质量(产品)符合国家法律法规和技术标准。

2. 施工准备阶段质量控制

对于建设工程项目而言,工程施工阶段的工作质量控制是工程质量控制的关键环节。工程施工是一个从对投入原材料的质量控制开始,直到完成工程质量检验验收的系统工程,主要包括施工准备和施工两个阶段。

施工准备阶段的质量控制是指正式施工活动开始前,对各项准备工作及影响质量的各因素和有关方面进行的质量控制。施工准备是为保证施工生产正常进行而必须事先做好的工作。施工准备工作不仅是在工程开工前要做好,而且贯穿于整个施工过程。施工准备的基本任务就是为施工建立一切必要的施工条件,确保施工生产顺利进行,确保工程质量符合要求。主要包括以下几方面:

(1) 设计交底和图纸审核

设计图纸是进行质量控制的重要依据。为使施工单位熟悉有关的设计图纸,充分了解施工项目的特点、设计意图和工艺与质量要求,减少图纸的差错,消灭图纸中的质量隐患,要做好设计交底和图纸审核工作。

工程施工前,由设计单位向施工单位有关人员进行设计交底,其主要内容包括:①地形、地貌、水文气象、工程地质及水文地质等自然条件;②初步设计文件、规划、环境等要求、设计规范;③设计思想、设计方案比较、基础处理方案、结构设计意图、设备安装和调试要求、施工进度安排等;④对采用新结构、新工艺的要求,施工组织和技术保证措施等。交底后,由施工单位提出图纸中的问题和疑点，以及需要解决的技术难题。经协商研究，提出解决办法。

图纸审核是设计单位和施工单位进行质量控制的重要手段，也是使施工单位通过审查熟悉设计图纸，了解设计意图和关键部位的工程质量要求，发现和减少设计差错，保证工程质量的重要方法。图纸审核的主要内容包括：①对设计者的资质进行认定；②设计是否满足抗震、防火、环境卫生等要求；③图纸与说明是否齐全；④图纸中有无遗漏、差错或相互矛盾之处，图纸表示方法是否清楚并符合标准要求；⑤地质及水文地质等资料是否充分；⑥施工图及说明书中涉及的各种标准、图册、规范、规程等，施工单位是否具备。

(2) 编制施工组织设计

施工组织设计是对施工的各项活动做出全面的构思和安排，指导施工准备和施工全过程的技术经济文件，它的基本任务是使工程施工建立在科学合理的基础上，保证项目取得良好的经济效益和社会效益。根据设计阶段和编制对象的不同，施工组织设计大致可分为施工组织总设计、单位工程施工组织设计和难度较大、技术复杂或新技术项目的分部分项工程施工设计三大类施工组织设计。通常应包括工程概况、施工部署和施工方案、施工准备工作计划、施工进度计划、技术质量措施、安全文明施工措施、各项资源需要量计划及施工平面图、技术经济指标等基本内容。施工组织设计中，对质量控制起主要作用的是施工方案，主要包括施工程序的安排、主要项目的施工方法、施工机械的选择，以及保证质量、安全施工、污染防治等方面的预控方法和针对性的技术组织措施。

(3) 物资采购质量控制

施工中所需的物资包括建筑材料、建筑构配件和设备等。如果生产、供应单位提供的物资不符合质量要求，施工企业在采购前和施工中又没有有效的质量控制手段，往往会埋下工程隐患，甚至酿成质量事故。因此，采购前应按先评价后选择的原则，由熟悉物资技术标准和管理要求的人员，对拟选择的供方，通过对其技术、管理、质量检测、工序质量控制和售后服务等质量保证能力的调查，信誉以及产品质量的实际检验评价，各供方之间的综合比较、最后做出综合评价，再选择合格的供方建立供求关系。

3. 施工阶段质量控制

(1) 技术交底。按照工程重要程度，项目开工前，应由项目负责人组织全面的技术交底。各分项工程施工前，应由项目技术负责人向参加该项目施工的所有班组和配合工种进行交底。

技术交底内容包括：图纸交底、施工组织设计交底、分项工程技术交底和安全交底等。通过交底明确对轴线、尺寸、标高、预留孔洞、预埋件、材料规格及配合比等要求，明确工序搭接、工种配合、施工方法、进度等施工安排，明确质量、安全、节约措施。交底的形式除书面、口头外，必要时可采用样板、示范操作等。

(2) 严格进行材料、构配件试验和施工试验。对进入现场的物料，包括甲方供应的物料以及施工过程中的半成品，必须按规范、标准和设计的要求，根据对质量的影响程度和使用部位的重要程度，在使用前采用抽样检查或全数检查等形式，对涉及结构安全的物料应由建设单位或监理单位现场见证取样，送有法定资格的单位检测，以判断其质量的可靠性。严禁将未经检验和试验或检验和试验不合格的材料、构配件、设备、半成品等投入使用和安装。

(3) 实施工序质量监控。工程的施工过程，是由一系列相互关联、相互制约的工序所构成的。工序质量包含两个相互关联的内容，一是工序活动条件的质量，即每道工序投入的人、材料、机械设备、方法和环境是否符合要求；二是工序活动效果的质量，即每道工序施工完成的工程产品是否达到有关质量标准。

工序质量监控的对象是影响工序质量的因素，特别是对主导因素的监控，其核心是管因素、管过程，而不单纯是管结果，其重点内容包括：①设置工序质量控制点；②严格遵守工艺规程；③控制工序活动条件的质量；④及时检查工序活动效果的质量。

(4) 组织过程质量检验。过程质量检验主要是指工序施工中或上道工序完工即将转入下道工序时所进行的质量检验，目的是通过判断工序施工的内容是否合乎设计或标准要求，决定该工序是否继续进行（转交）或停止。

具体的检验形式有：①质量自检和互检；②专业质量监督；③工序交接检查；④隐蔽工程验收；⑤工程预检（技术复核）；⑥基础、主体工程检查验收。

(5) 重视设计变更管理。施工过程中往往会发生没有预料到的新情况，如设计与施工的可行性发生矛盾；建设单位因工程使用目的、功能或质量要求发生变化，而导致设计变更。设计变更须经建设、设计、监理施工单位各方同意共同签署设计变更洽商记录由设计单位负责修改，并向施工单位签发设计变更通知书。对建设规模投资方案有较大影响的变更须经原批准初步设计单位同意方可进行修改。接到设计变更，应立即按要求改动，避免发生重大差错影响工利质量和使用。

（6）积累工程技术资料。工程施工技术资料是施工中的技术、质量和管理活动的记录，是实行质量追溯的主要依据，是评定单位工程质量等级的三大条件之一，也是工程档案的主要组成部分。施工技术资料管理是确保工程质量和完善施工管理的一项重要工作，施工企业必须按各专业质量检验评定。

根据标准的规定和各地的实施细则，全面、科学、准确、及时地记录施工及试（检）验资料，按规定积累、计算、整理、归档，手续必须完备，并不得有伪造、涂改、后补等现象。

4. 竣工验收阶段质量控制

（1）最终质量检验和试验。项目工程质量验收也称质量竣工验收，是工程投入使用前的最终一次验收，也是最重要的一次验收。验收合格的条件有五个：构成单位工程的各分部工程应当合格，并且有关的资料文件应完整以外，还须进行以下三方面的检查。

涉及安全和使用功能的分部工程应进行检验资料的复查。不仅要全面检查其完整性（不得有漏检缺项），而且对分部工程验收时补充进行的见证抽样检验报告也要复核。这种强化验收的手段体现了对安全和主要使用功能的重视。

此外，对主要使用功能还须进行抽查。使用功能的检查是对建筑工程和设备安装工程最终质量的综合检验，也是用户最关心的内容。因此，在分项、分部工程验收合格的基础上，竣工验收时再作全面检查。抽查项目是在检查资料文件的基础上由参与验收的各方人员商定，并用计量、计数的抽样方法确定检查部位。检查要求按有关专业工程施工质量验收标准的要求进行。

最终，还须由参与验收的各方人员共同进行观感质量检查。观感质量验收，往往难以定量，只能以观看、触摸或简洁量测的方式进行，并由个人的主观印象推断，检查结果并不给出"合格"或"不合格"的结论，而是综合给出质量评价，最终确定是否通过验收。

单位工程技术负责人应按编制竣工资料的要求收集和整理原材料、构件、零配件和设备的质量合格证明材料、验收材料，各种材料的试验检验资料，隐藏工程、分项工程和竣工工程验收记录，其他的施工记录等。

（2）整理工程竣工验收资料。技术资料，特别是永久性技术资料，是施工项目进行竣工验收的主要依据，也是项目施工状况的重要记录。因此，技术资料的整理要符合有关规定及规范的要求，必须做到精确、齐全，能够满足建设工程进行修理、改造、扩建时的需要，其主要内容有：

工程项目开工报告；工程项目竣工报告；图纸会审和设计交底记录；设计变更通知单；技术变更核定单；工程质量事故发生后调查和处理资料；材料、设备及构件的质量合格证明资料；试验、检验报告；隐藏工程验收记录及施工日志；竣工图；质量验收评定资料；工程竣工验收资料。

监理工程师应对上述技术资料进行审查，并请建设单位及有关人员，对技术资料进行检查验证。

第三节　项目竣工质量验收

工程项目竣工质量验收是施工质量控制的最后一个环节，是对施工过程质量控制成果的全面检验，是从终端把关方面进行质量控制。

一、竣工质量验收的内容和程序

1. 竣工质量验收的内容

项目竣工质量验收内容包括工程项目设计、工程项目施工、工程项目监理及工程项目档案等。

（1）检查设计和合同约定内容的完成情况，配套、辅助工程是否与主体工程同步建成。

（2）检查工程项目质量是否符合相关设计规范及工程施工质量验收标准。

（3）检查概算执行情况及财务竣工决算编制情况。

（4）检查静态试验、动态试验、投运试验情况。

（5）工程项目建设过程中发现的质量问题的整改情况。

（6）检查环保、消防、电力监控二次防护、应急疏散通道等设备设施是否按批准的设计文件建成。

（7）检查工程竣工文件编制完成情况，竣工文件是否齐全、准确。

2. 竣工质量验收的规范

（1）工程施工质量应符合本标准和相关专业验收规范的规定。

（2）建筑工程施工应符合工程勘察、设计文件的要求。

（3）参加工程施工质量验收的各方人员应具备规定的资格。

（4）工程质量的验收均应在施工单位自行检查评定的基础上进行。

（5）隐蔽工程在隐蔽前应由施工单位通知有关单位进行验收，并应形成验收文件。

(6) 涉及结构安全的试块、试件以及有关材料,应按规定进行见证取样检测。

(7) 检验批的质量应按主控项目和一般项目验收。

(8) 对涉及结构安全和使用功能的重要分部工程应进行抽样检测。

(9) 承担见证取样检测及有关结构安全检测的单位应具有相应资质。

(10) 工程的观感质量应由验收人员通过现场检查,并应共同确认。

3. 竣工质量验收的程序

建设单位接到施工单位的交工通知后,在做好验收准备的基础上,组织施工、设计等项目完成,具备使用条件后,进行竣工自检,然后向建设单位发出交工通知。建设单位接到施工单位的交工通知后,在做好验收准备的基础上,组织施工、设计等单位共同进行竣工验收。

(1) 竣工自检。竣工自检也称为竣工预检,是施工单位先进行内部的自我检查,为正式验收做好准备。一方面,检查工程质量,发现问题及时补救;另一方面,检查竣工图及技术资料是否齐全,并汇总、整理有关技术资料。

1) 竣工自检的标准竣工自检的主要依据。工程完成情况是否符合施工图纸和设计的使用要求;工程质量是否符合国家和地方政府规定的标准和要求;工程是否达到合同规定要求和标准。

2) 竣工自检应该分层、分段的由竣工自检人员按各自主管的内容逐一进行检查。在检查中要做好记录,对不符合要求的部位和项目要确定修补措施和标准,并指定专人负责,定期完工。

3) 参加竣工自检的人员,应由施工单位项目经理组织生产、技术、质量、合同、预算以及有关的施工工长等共同参加。

(2) 竣工复检。在基层施工单位自我检查的基础上,并对查出的问题全部解决以后,通过上级部门的复检,解决全部遗留问题,为正式验收做好充分准备。

(3) 竣工正式验收。在竣工自检的基础上,确认工程全部符合竣工验收标准,具备了交付使用的条件即可进行工程项目的正式验收工作。

1) 发出《竣工验收通知书》。施工单位应于正式竣工验收之日的前10天,向建设单位发送《竣工验收通知书》。

2) 递交竣工验收资料。竣工验收资料应当包括以下内容:①竣工工程概况;②图纸会审记录;③材料代用核定单;④施工组织方案和技术交底资料;⑤材料、构配件、成品出厂证明和检验报告;⑥施工纪录;⑦工程施工试验报告；⑧竣工自检记录；⑨隐检记录；⑩工程质量检验评定资料；⑪变更记录；⑫竣工图；⑬施工日记。

3）组织验收工作。工程竣工验收工作由建设单位邀请设计单位及有关方面参加，同监理单位、施工单位一起进行检查验收。

二、文档资料验收和移交

1. 文档资料概念和特征

（1）文档管理。文件、档案、资料都是项目建设活动必需的信息来源，对文件、档案、资料的管理统称为文档管理。文档管理包括文件收发、文件管理、档案管理、资料管理等。

1）文件。组织在其工作形成、接收和保存的所有记录的信息。

2）档案。组织在其工作中直接形成的有保存价值的历史记录。

3）资料。组织通过购买、赠送、交换转换等途径获得的、供其工作参考的信息材料。

（2）工程项目文档资料载体。

1）纸质载体。以纸张为基础的载体形式；

2）缩微晶载体。以胶片为基础，利用缩微技术对工程资料进行保存的载体形式。

3）光盘载体。以光盘为基础，利用计算机技术对工程资料进行存储的形式。

4）磁性载体。以磁性记录材料（磁带、磁盘等）为基础，对工程资料的电子文件、声音、图像进行存储的方式。

（3）工程项目文档资料特征。

1）分散性和复杂性。

2）继承性和时效性。

3）全面性和真实性。

4）随机性。

5）多专业性和综合性。

2. 项目档案资料验收

（1）档案验收申请。申请档案验收应具备的条件如下。

1）项目主体工程、辅助工程和公用设施，已按批准的设计文件要求建成，各项指标已达到设计能力并满足一定运行条件。

2) 项目法人与各参建单位已基本完成应归档文件材料的收集、整理、归档与移交工作。

3) 监理单位对主要施工单位提交的工程档案的整理与内在质量进行了审核，认为已达到验收标准，并提交了专项审核报告。

4) 项目法人基本实现了对项目档案的集中统一管理，且按要求完成了自检工作。

（2）档案验收组织。

1) 档案验收由项目竣工验收主持单位的档案业务主管部门负责组织。验收组成员，一般应包括档案验收组织单位的档案部门，国家或地方档案行政管理部门。

2) 档案验收应形成验收意见。验收意见须经验收组 2/3 以上成员同意，并履行签字手续，注明单位、职务、专业技术职称。验收成员对验收意见有异议的，可在验收意见中注明个人意见并签字确认。验收意见应由档案验收组织单位印发给申请验收单位。

3) 项目档案验收组人员为不少于 5 人的单数。

（3）档案验收程序。

1) 项目档案验收组织单位在收到档案验收申请的 10 个工作日内作出答复。

2) 项目档案验收以验收组织单位召集验收会议的形式进行。

3) 项目档案验收会议的主要内容。

a. 验收组织单位有关人员主持验收会议，宣布项目档案验收组成员名单。

b. 项目建设单位（法人）汇报项目建设概况和项目档案工作情况。

c. 项目施工单位代表汇报项目施工文件、竣工图的编制及其管理情况。

d. 项目监理单位代表汇报项目监理文件的管理情况和对项目施工文件、竣工图的审核情况。

e. 项目档案验收组检查项目档案及档案管理情况。

f. 项目档案验收组对项目档案质量进行综合评价并形成档案验收意见。

g. 项目档案验收组宣布验收结论。

4) 项目档案验收结果分为合格与不合格。项目档案验收组半数以上成员同意通过验收的为合格。

a. 项目档案验收合格的项目，由项目档案验收组织单位签署确认意见。

b. 项目档案验收不合格的项目，由项目档案验收组提出整改意见，要求项目建设单位（法人）于项目竣工验收前对存在的总是限期整改，并进行复查。

复查后仍不合格的，不得进行竣工验收，并由项目档案验收组提请有关部门对项目建设单位（法人）通报批评。造成档案损失的，依法追究有关单位及人员的责任。

3. 项目档案资料移交

各参建单位按单位工程或单项工程向项目法人移交相关工程档案，并认真履行了交接手续。档案的移交应履行手续，并按以下原则进行。

（1）各参建单位按照工程项目档案整理要求，将两套整理好的项目档案移交建设单位（即项目法人），由建设单位统一汇总。

（2）各参建单位在向建设单位移交时应办理项目档案移交手续时，应填写档案交接文据。交接双方要认真核对目录与实物，并经本人签字、加盖单位公章确认。

（3）建设单位在工程竣工验收后将项目档案一套交主管单位，一套交管理单位（要有相应的移交手续）。

第四节　工程质量统计方法

一、数理统计的几个概念

1. 总体

总体是统计总体的简称，是根据一定目的确定的所要研究的事物的全体，它是由客观存在的、具有某种共同性质的许多个别事物构成的整体。总体分为有限总体和无限总体。

（1）有限总体。有一定的数量表现，如一批同规格的材料。

（2）无限总体。无一定的数量表现，如一道工序，它源源不断地生产出某一产品，其本身是无限的。

2. 样本

样本是由总体的部分单位组成的集合，也可称为子样。样本从总体中抽取样本的方法有随机抽样和系统抽样两种。

（1）随机抽样。排除了人的主观影响，使总体中的每一个体都具有同等的机会被抽取到。

（2）系统抽样。每经过一定的时间间隔或数量间隔抽取若干产品作为样本。一般按随机原则抽取。

3. 随机现象

随机现象是指在一定条件下,某种结果可能出现,也可能不出现。在质量检验中,某一产品的检验结果可能是合格、不合格,这种事先不能确定结果的现象称为随机现象。

4. 随机事件

在一定条件下,随机现象的每一种可能的结果就是随机事件。如某产品检验为"合格",就是一个随机事件。

二、质量控制统计方法与原理

统计质量管理是把数理统计方法应用于产品生产过程的抽样检验,通过研究样本质量特性数据的分布规律,分析和推断生产过程质量的总体状况,改变了传统的事后把关的质量控制方式,为工业生产的事前质控制和过程质量控制,提供了有效的科学手段。

所谓质量控制统计方法,就是利用数理统计原理和方法,对施工及生产过程实行科学管理和控制的有效方法。

质量控制统计方法的基本原理,就是用具有代表性的"样本"代替"母体",通过系统的随机抽样活动取得样本数据,并对它进行科学的整理分析,揭示出包含在数据中的规律本质,进而推断总体的质量状况,从而采取相应技术组织措施,实现对过程的质量控制。

三、质量数据的收集

对产品进行检验前,首先要对产品的质量数据进行收集整理。质量数据是指某质量指标的质量特征值。狭义的质量数据主要是产品质量相关的数据,如不良品数、合格率、直通率、返修率等。广义的质量数据是指能反映各项工作质量的数据,如质量成本损失、生产批量、库存积压、无效作业时间等。这些均将成为精益质量管理的研究改进对象。

1. 全数检验

全数检验是对总体中的全部个体逐一观察、测量、计数、登记,从而获得对总体质量水平的评价结论的方法。

2. 随机抽样检验

抽样检验是按照随机抽样的原则,从总体中抽取部分个体组成样本,根据对样品进行检验的结果,推断总体质量水平的方法。抽样的主要方法如下:

(1) 简单随机抽样。又称纯随机抽样、完全随机抽样，是对总体不进行任何加工，直接进行随机抽样，获取样本的方法。简单随机抽样适用于总体差异不大，或对总体了解甚少的情况。

(2) 分层抽样。又称分类或分组抽样，是将总体按与研究目的有关的某一特性分为若干组，然后在每组内随机抽取样品组成样本的方法。其优点是对每组都有抽取，样品在总体中分布均匀，更具代表性。分层抽样适用于总体比较复杂的情况。

(3) 等距抽样。又称机械抽样、系统抽样，是将总体各单位按一定标志或次序排列成为图形或一览表式（也就是通常所说的排队），然后按相等的距离或间隔抽取样本单位。如在流水作业线上每生产 100 件产品抽出一件产品做样品，直到抽出 n 件产品组成样本。

(4) 整群抽样。整群抽样一般是将总体按自然存在的状态分为若干群，并从中抽取样品群组成样本，然后在中选群内进行全数检验的方法。如对原材料质量进行检测，可按原包装的箱、盒为群随机抽取，对中选箱、盒做全数检验；每隔一定时间抽出一批产品进行全数检验等。

四、因素分析统计图表法

因素分析的统计图表是质量控制统计方法的重要组成部分。它通过对收集的质量数据进行整理分析，并做成各种统计图表，明确地揭示出形成产品质量问题的原因，为采取措施解决质量问题找到了正确途径和方法，从而保证和提高了产品质量。主要的因素分析统图表有因果分析图、排列图、直方图、调查表、分层法等。

1. 因果分析图

因果分析图就是将造成某项结果的众多原因，以系统的方式图解，即以图来表达结果（特性）与原因（因素）之间的关系。它是由日本东京大学教授石川馨提出的一种通过带箭头的线，其形状像鱼骨，又称鱼骨图。比如，发变组录波器频繁发生故障，可从人、机、料、法、环 5 个方面分析故障的要因，其因果分析图示例如图 3-1 所示。

因果分析图是以结果作为特性，以原因作为因素，在它们之间用箭头联系表示因果关系。因果分析图是一种充分发动员工动脑筋、查原因、集思广益的好办法，也特别适合于工作小组中实行质量的民主管理。当出现了某种质量问题，未搞清楚原因时，可针对问题发动大家寻找可能的原因，使每个人都畅所

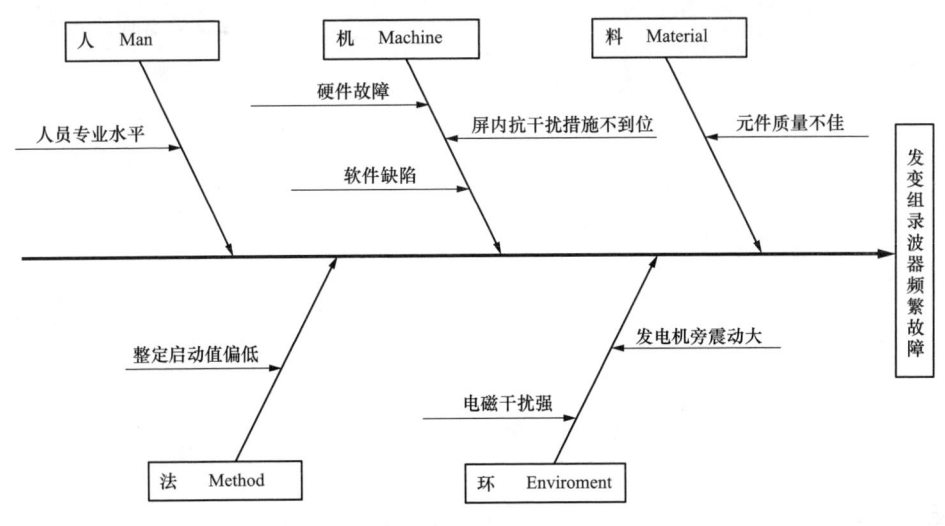

图 3-1 录波器频繁故障原因因果分析图

欲言，把所有可能的原因都列出来。

因果分析图使用步骤如下。

（1）召集与此问题相关的、有经验的人员，人数最好为 4～10 人；挂一张大白纸，准备 2～3 支彩色笔。

（2）由集合的人员就影响问题的原因发言，发言内容记入图上，中途不可批评或质问，时间为约 1h，搜集 20～30 个原因即可结束。

（3）就所搜集的原因轮流发言讨论，在公认影响较大的原因上画红色圈。

（4）针对已画上 1 个红圈的原因继续轮流发言讨论，与步骤（3）一样，在公认更重要原因上再画红色圈，可以重复这个过程，画上 2、3 圈。

（5）重新画一张原因图，未上圈的予以去除，圈数越多的列为最优先处理。

2. 排列图

排列图是将影响工程质量的各种因素，按照出现的频数，从大到小的顺序排列在横坐标上，在纵坐标上标出因素出现的累积频数，并画出对应的变化曲线。如电机异常原因分析的排列图示例如图 3-2 所示，从中可以看出，电机异常的主要原因是转速高。

排列图由两个纵坐标、一个横坐标、若干个直方图形和一条曲线组成。其中左边的纵坐标表示频数，右边的纵坐标表示频率，横坐标表示影响质量的各种因素。若干个直方图形分别表示质量影响因素的项目，直方图形的高度则表示影响因素的大小程度，按大小顺序由左向右排列，曲线表示各影响因素大小

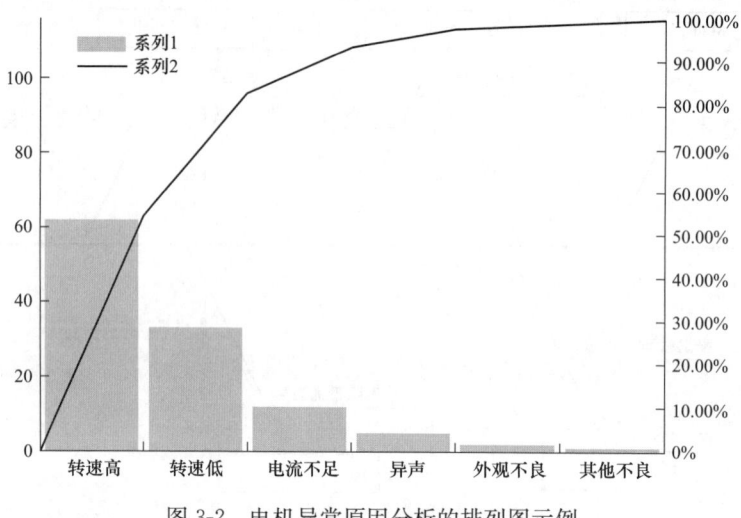

图 3-2 电机异常原因分析的排列图示例

的累计百分数。这条曲线称为帕累特曲线。

排列图是根据"关键的少数和次要的多数"的原理而制作的。也就是将影响产品质量的众多影响因素按其对质量影响程度的大小，用直方图形顺序排列，从而找出主要因素。

通常累计百分比将影响因素分为3类：①占0～80%为A类因素，也就是主要因素；②80%～90%为B类因素，是次要因素；③90%～100%为C类因素，即一般因素。由于A类因素占存在问题的80%，此类因素解决了，质量问题大部分就得到了解决。

3. 直方图

直方图又称质量分布图，是一种统计报告图，由一系列高度不等的纵向条纹或线段表示数据分布的情况。一般用横轴表示数据类型，纵轴表示分布情况。比如，某中学初一（3）班29名同学参加期末数学考试，教师统计了考试成绩，并绘制了频数分布直方图，如图3-3所示。

由直方图可见，成绩在80～90分的同学最多，有12人，占比41.4%；成绩在90～100分的有9人，占比31%；成绩在80分以下的有8人，占比27.6%，这些同学需要更加努力。

制作直方图的目的就是通过观察图的形状，判断生产过程是否稳定，预测生产过程的质量。在制作直方图时，牵涉统计学的概念，先要对资料进行分组，因此如何合理分组是其中的关键问题。按组距相等的原则进行的两个关键数位

第三章　水电机组项目质量管理

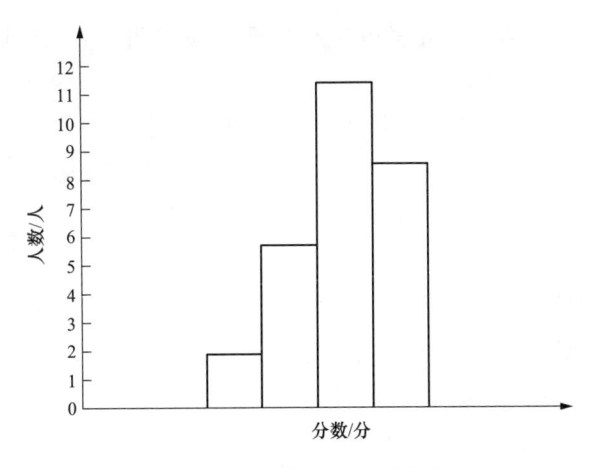

图 3-3　频数分布直方图示例

是分组数和组距。

直方图用以展示数据的分布情况，诸如众数、中位数的大致位置、数据是否存在缺口或者异常值。直方图可使我们比较容易直接看到数据的分布形状、离散程度和位置状况；可以观察数据分布的类型，分析是否服从正态分布，有无异常。

（1）判断数据分布范围是否满足规格范围的要求。

（2）与产品规格界限做比较，判断分布中心是否偏离规格中心，以确定是否需要调整及调整量。

4. 调查表

调查表又叫检查表、核对表、统计分析表，是用来系统地收集资料和积累数据，确认事实并对数据进行粗略整理和分析的统计图表。比如，通过调查表分析设备缺陷发生的主要原因和缺陷较多的班组。设备缺陷调查表示例见表 3-1。

表 3-1　　　　　　　　设备缺陷调查表示例

班组	装置缺陷	元器件缺陷	回路缺陷	小计
一次班	0	1	1	2
继保班	1	1	2	4
自动化班	2	2	6	10
合计	3	4	9	16

从调查数据可见，缺陷较多的班组是自动化班，造成缺陷的主要原因是回路缺陷。

95

(1) 调查表的种类。调查表包括不合格品项目调查表、缺陷位置调查表、质量分布调查表、矩阵调查表。

(2) 调查表在应用中常见的错误和注意事项。主要是调查表设计不当和记录上的差错。这是由于设计调查表时未能正确地分层或分层项目的概念混淆，使分类数据混杂，而无法进行归纳分析。

(3) 应用调查表的步骤。

1) 明确收集资料的目的。

2) 确定为达到目的所需搜集的资料。

3) 确定对资料的分析方法和负责人。

4) 根据不同目的，设计用于记录资料的调查表格表，其内容应包括调查者、调查时间、地点和调查方式等栏目。

5) 对收集和记录的部分资料进行预先检查，目的是审查表格设计的合理性。

6) 如有必要，应评审和修改该调查表格式。

5. 分层法

分层法又称数据分层法、分类法、分组法、层别法。在进行质量因素分析时，有时来自多方面的因素交错在一起，使得数据杂乱无章，无法直接得出分析结果，因此需要一种统计工具把错综复杂的多种因素分开。分层法就是把杂乱无章的原始数据和错综复杂的多种因素，按目的、来源、性质等不同的标志加以分类整理，将标志相同的数据归为一层，从而将总体数据分为若干层次，使之系统化。这样能更确切地反映数据所代表的客观事实，便于查明质量波动的真实原因和变化规律，进而采取纠正预防措施。比如，一个产品生产小组有3位工人，产品不合格率居高不下，此时就应该通过抽查统计数据分析问题究竟出在谁身上。分层调查的统计数据表示例见表 3-2，从统计数据可见，造成产品不合格率高的主要原因是小张。

表 3-2　　　　　　　　　　分层调查的统计数据表

作业工人	抽查数量	不合格数量	个体不合格率/%	占不合格总数百分率/%
小王	30	6	20	25
小李	30	3	10	12.5
小张	30	15	50	62.5
合计	90	24	—	100

分层法使用场合很广泛，如果一次分层不能识别质量特性的波动，就需要多次分层或复合分层。分层时可以按不同的标志合理组合，以便使问题暴露得更清楚。在过程发生变化时，使用分层法并结合其他质量工具，如直方图、检查表、因果分析表等，可以快速找出影响质量波动的重点因素，获取正确而有效的信息。

第四章

水电机组现场检修的安全管理

水电机组检修安全生产监督检查是指项目经理部对本项目贯彻国家安全生产法律法规的情况、安产情况、劳动条件、事故隐患等所进行的检查。安全监督检查的目的是验证安全生产保证计划的实施效果。

1. 安全检查的基本要求

项目经理应组织项目经理部定期对安全生产保证计划的执行情况进行检查考核和评价。对其中存在的不安全行为和隐患，项目经理部应分析原因并制定相应整改防范措施。

2. 安全检查的内容

项目经理部应根据施工过程的特点和安全目标的要求，确定安全检查内容，其内容包括安全生产责任制、安全生产保证计划、安全组织机构、安全保证措施、安全技术交底、安全教育、安全持证上岗、安全设施、安全标志、操作行为、违规管理、安全记录等。

3. 安全检查的方法

项目经理部安全检查的方法应采取随机抽样、现场观察、实地检测相结合，并记录检测结果。对现场管理人员的违章指挥和操作人员的违章作业行为应进行纠正。

项目经理部安全检查应配备必要的设备或器具，确定检查负责人和检查人员，并明确检查内容及要求。安全检查人员应对检查结果进行分析，找出安全隐患部位，确定危险程度。

项目经理部应编写安全检查报告。

第四章 水电机组现场检修的安全管理

第一节 施工现场安全生产基本要求

一、新工人安全生产须知

（1）新工人进入工地前必须认真学习本工种安全技术操作规程。未经安全知识教育和培训，不得进入施工现场操作。

（2）进入施工现场，必须戴好安全帽，扣好帽带。

（3）在没有防护设施的 2m 高处、悬崖和陡坡施工作业必须系好安全带。

（4）高空作业时，不准往下或向上抛材料和工具等物件。

（5）不懂电器和机械的人员，严禁使用机电设备。

（6）建筑材料和构件要堆放整齐稳妥，不要过高。

（7）危险区域要有明显标志，要采取防护措施，夜间要设红灯示警。

（8）在操作中，应坚守工作岗位，严禁酒后操作。

（9）特殊工种（电工、焊工、司炉工、爆破工、起重及打桩司机和指挥、架子工各种机动车司机等）必须经过有关部门专业培训考试合格发给操作证，方准独立操作。

（10）施工现场禁止穿拖鞋、高跟鞋、赤脚和易滑、带钉的鞋，禁止赤膊操作。

（11）施工现场的脚手架、防护设施、安全标志、警告牌、脚手架连接铅丝或连接件不得擅自拆除，需要拆除必须经过加固后经施工负责人同意。

（12）施工现场的洞、坑、井架、升降口、漏斗等危险处，应有防护措施并有明显标志。

（13）任何人不准向下、向上乱丢材料、物、垃圾、工具等。不准随意开动一切机械，操作中思想要集中，不准开玩笑、做私活。

（14）不准坐在脚手架防护栏杆上休息和在脚手架上睡觉。

（15）拆下的脚手架要及时整理。

（16）工具用好后要随时装入工具袋。

（17）人字梯中间要扎牢，下部要有防滑措施，不准人坐在上面骑马式移动。

（18）从事高空作业的人员，必须身体健康，患有高血压、贫血症、严重心脏病、精神病、癫痫病、深度近视眼在 500 度以上人员以及经医生检查认为不适合高空作业的人员不得从事高空作业。对井架、起重工等从事高空作业的工种人员要每年体格检查一次。

1) 在平台、屋檐口操作时，面部要朝外，系好安全带。

2) 高处作业不要用力过猛，防止失去平衡而坠落。

3) 在平台等处拆木模撬棒要朝里，不要向外，防止人向外坠落。

4) 遇有暴雨、浓雾和六级以上的强风应停止室外作业。

5) 夜间施工必须要有充分的照明。

二、一般安全措施

1. 一般注意事项

（1）生产厂房内外应保持清洁完整。

（2）在楼板和结构上打孔或在规定地点以外安装起重滑车或堆放重物等，应事先经过本单位有关技术部门的审核许可。规定放置重物及安装滑车的地点应标以明显的标记（标出界限和荷重限度）。

（3）禁止利用任何管道悬吊重物和起重滑车。

（4）生产厂房内外工作场所的井、坑、孔、洞或沟道，应覆以与地面齐平的坚固的盖板。在检修工作中如需将盖板取下，应设临时围栏。临时打的孔、洞，施工结束后，应恢复原状。

（5）所有升降口、大小孔洞、楼梯和平台，应装设不低于1050mm高的栏杆和不低于100mm高的护板。如在检修期间需将栏杆拆除时，应装设临时遮拦，并在检修结束时将栏杆立即装回。临时遮拦应由上、下两道横杆及栏杆柱组成，上杆离地高度为1050～1200mm，下杆离地高度为500～600mm，并在栏杆下边设置严密固定的高度不低于180mm的挡脚板。坡度大于1∶22的屋面，临时遮拦应于1500mm，并加挂安全立网。原有高度1000mm的栏杆不做改动。

（6）所有楼梯、平台、通道、栏杆都应保持完整，铁板应铺设牢固。铁板表面应有纹路以防滑跌。

（7）厂房内，设备、材料的堆放应整齐、有序，标志应清楚，不妨碍通行。门口、通道、楼梯和平台等处，不准置杂物，以免阻碍通行。电缆及管道不应敷设在经常有人通行的地板上，以免妨碍通行。地板上临时放有容易使人绊跌的物件（如钢丝绳等）时，应设置明显的警告标志。地面有灰浆泥污，应及时清除，以防滑跌。

（8）生产厂房内外工作场所的常用照明，应该保证足够的亮度。

1) 在装有水位计、压力表、真空表、温度表、各种记录仪表等的仪表盘、楼梯、通道以及所有靠近机器转动部分和高温表面等的狭窄地方的照明，尤应光亮充足。

2）在操作盘、重要表计（如水位计等）、主要楼梯、通道等地点，应设有事故照明。

3）应在工作地点备有相当数量的完整手电筒，以便必要时使用。

（9）生产厂房及仓库应备有必要的消防设备，如消防栓、水龙带、灭火器、砂箱、石棉布和其他消防工具等。消防设备应定期检查和试验，保证随时可用。不准将消防工具移作他用。

（10）禁止在工作场所存储易燃物品，如汽油、煤油、酒精等。运行中所需少量的润滑油和日常需用的油壶、油枪，应存放在指定地点的储藏室内。

（11）生产厂房应备有带盖的铁箱，以便放置擦拭材料（抹布和棉纱头等），用过的擦拭材料应另放在废棉纱箱内，定期清除。

（12）所有高温的管道、容器等设备上都应有保温层，保温层应保证完整。当室内温度在25℃时，保温层表面的温度一般不超过50℃。

（13）在油管的法兰盘和门周围，如敷设有热管道或其他热体，为了防止漏油而引起火灾，应在这些热体保温层外面再包上铁皮，无论在检修或运行中，如有油漏到保温层上，应将保温层更换；油管应尽量少用法兰盘连接，在热体附近的法兰盘，应装金属罩壳，禁止使用塑料垫或胶皮垫；油管的法兰和门以及轴承、调速系统等应保持严密不漏油，如有漏油现象，应及时修好，漏油应及时拭净，不许任其留在地面上。

（14）生产厂房内外的电缆，在进入控制室、电缆夹层、控制柜、开关柜等处的电缆孔洞，应用防火材料严密封闭。

（15）生产厂房的取暖用热源，应有专人管理。使用压力应符合取暖设备的要求。

（16）生产厂房装设的电梯，在使用前应经有关部门检验合格，取得合格证并制订安全使用规定和定期检验维护制度。电梯应有专责人负责维护管理。电梯的安全闭锁装置、自动装置、机械部分、信号照明等有缺陷时应停止使用，并采取必要的安全措施，防止高空摔跌落伤亡事故。

（17）各生产场所应有逃生路线的标示。

（18）使用可燃物品的人员，应熟悉这些材料的特性及防火防爆规定。

（19）工作人员的工作服不应有可能被转动的机器绞住部分；工作时应穿着工作服，衣服和袖口应扣好；工作服禁止使用尼龙、化纤或棉与化纤混的衣料制作，以防工作服遇火燃烧加重烧伤程度；工作人员进入生产现场禁止穿拖鞋、凉鞋、高跟鞋，禁止戴围巾和穿长衣服、裙子等；辫子、长发应盘在工作帽内；做接触高温物体的工作时，应戴手套和穿专用的防护工作服。

（20）任何人进入生产现场（办公室、控制室、值班室和检修班组室除外），应正确戴安全帽。

（21）运行和检修人员巡检过程中，身体不得碰及转动部件，保持与带电设备的安全距离。

（22）机器的转动部分应装有防护罩或其他防护设备，如栅栏，露出的轴端应设有护盖，以防绞卷衣服；禁止在机器转动时，从靠背轮和齿轮上取下防护罩或其他防护设备。

（23）对于正在转动中的机器，不准装卸和校正皮带，或直接用手往皮带上撒松香等物。

（24）在机器完全停止以前，不准进行修理工作。修理中的机器应做好防止转动的安全措施，如切断电源（电动机的断路器，隔离开关或熔断器应拉开，断路器操作电源的熔断器也应取下）、气源、水源、油源；所有有关闸板、门等应关闭；应挂上安全标志牌，必要时还应采取可靠的制动措施。检修工作负责人在工作前，应对上述安全措施进行检查，认无误后，方可开始工作。

（25）禁止在运行中清扫、擦拭和润滑机器的旋转和移动的部分，严禁将手伸入栅栏内。清拭运转中机器的固定部分时，不准把抹布缠在手上或手指上使用。只有在转动部分对工作人员没有危险时，方可允许用长嘴油壶或油枪往油盅和轴承里加油。

（26）禁止在栏杆上、管道上、靠背轮上、安全罩上或运行中设备的轴承上行走或坐立，如必须在管道上坐立才能工作时，应做好安全措施。

（27）厂房外墙、大坝边坡、竖井和烟囱等处固定的爬梯，应牢固可靠，并设有护圈。高百米以上的爬梯，中间应设有休息的平台，并应定期进行检查和维护。上爬梯应逐档检查爬梯是否牢固，上下爬梯应抓牢，并不准两手同时抓一个梯阶。垂直爬梯宜设置人员上下作业的防坠安全自锁装置或速差自控器，并制定相应的使用管理规定。

2. 一般电气安全规定

（1）所有电气设备的金属外壳均应有良好的接地装置。使用中不准将接地装置拆除或对其进行任何工作。

（2）任何电气设备上的标示牌，除原来放置人员或负责的运行值班人员外，其他任何人员不准移动。

（3）不准靠近或接触任何有电设备的带电部分。特殊许可的工作，应遵守《电力安全工作规程变电站和发电厂电气部分》（GB 26860—2011）和《电力安全工作规程电力线路部分》（GB 26859—2011）中的有关规定。

（4）湿手不准触摸电灯开关以及其他电气设备（安全电压的电气设备除外）。

（5）电源开关外壳和电线绝缘有破损不完整或带电部分外露时，应立即找电工修好，否则不准使用。电工修理时不得改动电源开关和安全保护装置。

（6）发现有人触电，应立即切断电源，使触电人脱离电源，并进行急救。如在高空工作，抢救时应注意防止高空坠落。

（7）遇有电气设备着火时，应立即将有关设备的电源切断，然后进行救火。对可能带电的电气设备以及发电机、电动机等，应使用干式灭火器、二氧化碳灭火器灭火；对油断路器、变压器（已隔绝电源），可使用干式灭火器等灭火，不能扑灭时再用泡沫式灭火器灭火，不得已时可用干砂灭火；地面上的绝缘油着火，应用干砂灭火。扑救可能产生有毒气体的火灾（如电缆着火等）时，扑救人员应使用正压式消防空气呼吸器。

（8）在靠近带电部分作业时，应保持安全距离。设备不停电时的安全距离见表4-1。

表4-1　　　　　　　　　设备不停电时的安全距离

电压等级/kV	安全距离/m
10及以下	0.70
20、35	1.00
63、110	1.50
220	3.00
330	4.00
500	5.00

（9）现场的临时照明线路应相对固定，并经常检查、维修。照明灯具的悬挂高度应不低于2.5m，并不得任意挪动；低于2.5m时应设保护罩。

3. 工具的使用一般注意事项

（1）一般工具。

1）使用工具前应进行检查，机具应按其出厂说明书和铭牌的规定使用，禁止使用已变形、已破损或有故障的机具。

2）大锤和手锤的锤头应完整，其表面应光滑微凸，不得有歪斜、缺口、凹入及裂纹等缺陷。大锤及手锤的柄应用整根的硬木制成，不准用大木料劈开制作；木柄应装设牢固，并将头部用楔栓固定。锤柄上不可有油污。不准戴手套或用单手抡大锤，周围不准有人靠近。狭窄区域，使用大锤应注意周围环境，避免反击力伤人。

3）用凿子凿坚硬或脆性物体时（如生铁、生铜、水泥等），应戴防护眼镜，必要时装设安全遮栏，以防碎片打伤旁人。凿子被锤击部分若存在有伤痕不平整、有油污等情况时，不准使用。

4）锉刀、手锯、木钻、螺丝刀等的手柄应安装牢固，没有手柄的不准使用。

5）使用钻床时，应将钻眼的物体安设牢固后，方可开始工作。清除钻孔内金属碎屑时，应先停止钻头的转动。不准用手直接清除铁屑。使用钻床不准戴手套。

6）使用锯床时，工件应夹牢，长的工件两头应垫牢，并防止工件锯断时伤人。

7）使用射钉枪、压接枪等爆发性工具时，除严格遵守说明书的规定外，还应遵守爆破的有关规定。

8）砂轮应进行定期检查。砂轮应无裂纹及其他不良情况。砂轮应装有用钢板制成的防护罩，其强度应保证当砂轮碎裂时挡住碎块。防护罩至少要把砂轮的上半部罩住。禁止使用没有防护罩的砂轮（特殊工作需要的手提式小型砂轮除外）。砂轮机的防护罩应完整。使用砂轮研磨时，应戴防护眼镜或装设防护玻璃。用砂轮磨工具时应使火星向下。不准用砂轮的侧面研磨。

9）砂轮机的旋转方向不准正对其他机器、设备。砂轮机应装设托架。托架与砂轮片的间隙应经常调整，最大不得超过3mm；托架的高度应调整到使工件的打磨处与砂轮片中心处在同一平面上。

10）安装砂轮片时，砂轮片与两侧板之间应加柔软的垫片，禁止猛击螺帽。砂轮片有缺损或裂纹者禁止使用，其工作转速应与砂轮机的转速相符。砂轮片的有效半径磨损到原半径的1/3时应更换。

11）无齿锯应符合上述各项规定。使用时操作人员应站在锯片的侧面，锯片应缓慢地靠近被锯物件，不准用力过猛。

（2）电气工具和用具。

1）电气工具和用具应由专人保管，每6个月应由电气试验单位进行定期检查；使用前应检查电线是否完好，有无接地线；坏的或绝缘不良的不准使用；使用时应按有关规定接好漏电保护器和接地线；使用中发生故障，应立即找电工修理。

2) 不熟悉电气工具和用具使用方法的工作人员不准擅自使用。

3) 使用金属外壳的电气工具时应戴绝缘手套。

4) 在金属容器内工作时，应使用 24V 以下的电气工具，否则应使用带绝缘外壳的工具，并装设额定动作电流不大于 15mA、动作时间不大于 0.1s 的漏电保护器，且应设专人在外不间断地监护。漏电保护器、电源连接器和控制箱等应放在容器外面。

5) 使用电气工具时，不准提着电气工具的导线或转动部分。在梯子上使用电气工具时，应做好防止感电坠落的安全措施。在使用电气工具工作中，因故离开工作场所或暂时停止工作以及遇到临时停电时，应立即切断电源。

6) 用压杆压电钻时，压杆应与电钻垂直；如压杆的一端插在固定体中，压杆的固定点应十分牢固。

7) 使用行灯应注意下列事项。

a. 手持行灯电压不准超过 36V。在特别潮湿或周围均属金属导体的地方工作时，如在蜗壳、钢管、尾水管、油槽、油罐以及其他金属容器或水箱等内部，行灯的电压不准超过 12V。

b. 行灯电源应由携带式或固定式的隔离变压器供给，变压器不准放在蜗壳、钢管、尾水管、油槽、油罐等金属容器的内部。

c. 携带式行灯变压器的高压侧应带插头，低压侧带插座，并采用两种不能互相插入的插头。

d. 行灯变压器的外壳应有良好的接地线，高压侧宜使用三线插头。

8) 电动的工具、机具应接地或接零良好。

9) 电气工具和用具的电线不准接触热体，不准放在湿地上，并避免载重车辆和重物压在电线上。

10) 移动式电动机械和手持电动工具的单相电源线应使用三芯软橡胶电缆；三相电源线在三相四线制系统中应使用四芯软橡胶电缆，在三相五线制系统中宜使用五芯软橡胶电缆。连接电动机械及电动工具的电气回路应单独设开关或插座，并装设漏电保护器，金属外壳应接地；电动工具应做到"一机一闸一保护"。

11) 长期停用或新领用的电动工具应用 500V 的绝缘电阻表测量其绝缘电

阻，如带电部件与外壳之间的绝缘电阻值达不到 2MΩ，应进行维修处理。对正常使用的电动工具也应对绝缘电阻进行定期测量、检查。

12) 电动工具的电气部分经维修后，应进行绝缘电阻测量及绝缘耐压试验，试验电压为 380V，试验时间为 1min。

13) 在潮湿或含有酸类的场地上以及在金属容器内使用 24V 及以下电动工具时，应采取可靠的绝缘措施并设专人监护。电动工具的开关应设在监护人伸手可及的地方。

(3) 空气压缩机。

1) 空气压缩机应保持润滑良好，压力表准确，自动启、停装置灵敏，安全可靠，并应由专人维护；压力表、安全、调节器及储气罐等应定期进行校验。

2) 禁止用汽油或煤油洗刷空气滤清器以及其他空气通路的零件。

3) 输气管应避免急弯。打开进风前，应事先通知作业地点的有关人员。出气口处不得有人工作，储气罐放置地点应通风，且禁止日光暴晒或高温烘烤。

(4) 潜水泵。

1) 潜水泵应重点检查下列项目，且应符合要求：①外壳不得有裂缝、破损；②保护线连接应正确、牢固可靠；③电源线应完整无损；④电源插头应完整无损；⑤电源开关动作应正常、灵活；⑥机械防护装置应完好；⑦转动部分应灵活、轻快、无阻滞现象；⑧电气保护装置应良好；⑨校对电源的相位，通电检查空载运转，防止反转。

2) 潜水泵工作时，泵的周围 30m 以内水面不得有人进入。

(5) 风动工具。

1) 不熟悉风动工具使用方法和修理方法的工作人员，不准擅自使用或修理风动工具。

2) 风动工具的锤子、钻头等工作部件，应安装牢固，以防在工作时脱落。不准将带有工作部件的风动工具对准人。工作部件停止转动前不准拆换。

3) 风动工具的软管应和工具连接牢固。连接前应把软管吹净。只有在停止送风时才可拆装软管。

4) 在移动的梯子上使用风动工具时，应将梯子固定牢固。

4. 起重作业一般注意事项

(1) 对重大起重作业方案以及起重工作所采用起重设备技术规程、标准，应在施工组织设计中明确规定。

(2) 须经过安装、试车、运行的起重设备及其电力、照旧取暖等接线，行

第四章 水电机组现场检修的安全管理

驶轨道或路面、路基的状况及号志的设置等一切有关部分,均应由有关的专门技术人员进行检查和试验,出具书面证明,确认设备安全可靠后,方可投入使用。特种设备还需特种设备安全监督管理部门登记并经检验检测机构监督检验合格。

(3) 对起重设备的停置,燃料或附属材料的存放等一切有关环境及措施,应事先予以查验或提出规定要求,以确保安全。

(4) 起重设备的操作人员和指挥人员应经专业技术培训,并经实际操作及有关安全规程考试合格、取得合格证后方可独立上岗作业,其合格证种类应与所操作(指挥)的起里机类型相符合。起重设备作业人员在作业中应严格执行起重设备的操作规程和有关的安全规章制度。

(5) 起重设备、吊索具和其他起重工具的工作负荷,不准超过铭牌规定。在特殊情况下,如必须超铭牌使用时,应经过计算和试验,并经厂(局)分管生产的领导(总工程师)批准。因历史原因,没有制造厂铭牌的各种起重机具,应经查算,并做荷重试验后,方准使用。购置起重设备,应按国家有关生产许可管理制度,从获得相应资质的企业中选购。

(6) 一切重大物件的起重、搬运工作应由有经验的专人负责,作业前应向参加工作的全体人员进行技术交底,使全体人员均熟悉起重搬运方案和安全措施。起重搬运时,只能由一人指挥,必要时可设置中间指挥人员传递信号。起重指挥信号应规范。

(7) 凡属下列情况之一者,应制订专门的安全技术措施,经本单位分管生产的领导(总工程师)批准。作业时应有技术负责人在场指导,否则不准施工。

1) 重量达到起重设备额定负荷的90%及以上。

2) 两台及以上起重设备抬吊同一物件。

3) 起吊重要设备、精密物件、不易吊装的大件或在复杂场所进行大件吊装。

4) 爆炸品、危险品必须起吊时。

5) 起重设备在输电线路下方或距带电体较近时。

(8) 遇有大雾、照明不足、指挥人员看不清各工作地点或起重机操作人员未获得有效指挥时,不准进行起重工作。

(9) 遇有6级以上的大风时,禁止露天进行起重工作。当风力达到5级以上时,受风面积较大的物体不宜起吊。

(10) 各种起重设备的安装、使用以及检查、试验等,除应遵守以上规定外，并应执行国家、行业有关部门颁发的相关规定、规程和技术标准。

（11）野外作业的流动式起重机，在雷雨天应停止作业，并将起重机伸臂放下或收回。

5. 高处作业一般注意事项

（1）凡在坠落高于基准面 2m 及以上的高处进行的作业，都应视作高处作业，应按照本规程的规定执行。凡能在地面上预先做好的工作，都应在地面上完成，尽量减少高处作业。在架空线路杆塔上工作时，除应遵守本章的有关规定外，还应遵守《电力安全工作规程电力线路部分》（GB 26859—2011）的有关规定。

（2）凡参加高处作业的人员，应每年进行一次体检。担任高处作业人员应身体健康。患有精神病、癫痫病及经医师鉴定患有高血压、心脏病等不宜从事高处作业病症的人员，不准参加高处作业。凡发现工作人员有饮酒、精神不振时，禁止登高作业。

（3）高处作业均应先搭设脚手架、使用高空作业车、升降平台或采取其他防止坠落措施，之后方可进行。

（4）在坝顶、陡坡、屋顶、悬崖、杆塔、吊桥以及其他危险的边沿进行工作，临空一面应装设安全网或防护栏杆，否则，工作人员应使用安全带。

（5）峭壁、陡坡的场地或人行道上的冰雪、碎石、泥土须经常清理，靠外面一侧应设 1050~1200mm 高的栏杆。在栏杆内侧设 180mm 高的侧板，以防坠物伤人。

（6）在没有脚手架或者在没有栏杆的脚手架上工作，高度超过 1.5m 时，应使用安全带，或采取其他可靠的安全措施。

（7）安全带和专用固定安全带的绳索在使用前应进行外观检查。安全带应按要求定期抽查检验，不合格的不许使用。

（8）在电焊作业或其他有火花、熔融源等的场所使用的安全带或安全绳应有隔热防磨套。

（9）安全带的挂钩或绳子应挂在结实牢固的构件上，或专为挂安全带用的钢丝绳上，并不得低挂高用。禁止挂在移动或不牢固的物件上。

（10）高处作业人员应衣着灵便，穿软底鞋，并正确戴个人防护用具。

（11）高处作业人员在作业过程中，应随时检查安全带是否拴牢。高处作业人员在转移作业位置时不得失去保护。水平移动时，应使用水平绳或增设临时扶手，移动频繁时，宜使用双钩安全带。垂直转移时，宜使用安全自锁装置或速差自控器。

（12）上下脚手架应走斜道或梯子，作业人员不得沿脚手杆或栏杆等攀爬。

6. 焊接、切割作业一般注意事项

（1）未受过专门训练的人员不准进行焊接工作。取得焊工合格证后，方可从事考试合格项目范围内的焊接工作。

（2）焊工应穿专用工作服，戴工作帽，上衣不准扎在裤子里。口袋应有遮盖，脚面应有鞋罩，以免焊接时被烧伤。

（3）不准使用有缺陷的焊接工具和设备。

（4）不准在带有压力（液体压力或气体压力）的设备上或带电的设备上进行焊接。在特殊情况下需在带压和带电的设备上进行焊接时，应采取安全措施，并经本单位分管生产的领导（总工程师）批准。对承重构架进行焊接，应经过有关技术部门的许可。

（5）禁止在装有易燃物品的容器上或在油漆未干的构件或其他物体上进行焊接。

（6）禁止在储有易燃易爆物品的房间内进行焊接。在易燃易爆材料附近进行焊接时，其最小水平距离不得小于5m，并根据现场情况，采取安全可靠措施（用围屏或阻燃材料遮盖）。

（7）对于存有残余油脂或可燃液体的容器，应打开盖子，清理干净；对存有残余易燃易爆物品的容器，应先用水蒸气吹洗，或用热碱水冲洗干净，并将其盖口打开，方可焊接。

（8）在风力超过5级时禁止露天进行焊接或气割。当风力在5级以下、3级以上时，进行露天焊接或气割应搭设挡风屏，以防火星飞溅引起火灾。

（9）雨雪天气，不可露天进行焊接或切割工作。如必须进行焊接时，应采取防雨雪的措施。

（10）在可能引起火灾的场所附近进行焊接工作时，应备有必要的消防器材。

（11）进行焊接工作时，应设有防止金属熔渣飞溅、掉落引起火灾的措施以及防止烫伤、触电、爆炸等措施。焊接人员离开现场前，应检查并确认现场无火种留下。

（12）在蜗壳、钢管、尾水管、油箱、油槽以及其他金属容器内进行焊接工作，应有下列防止触电的措施。

1）电焊时焊工应避免与铁件接触，要站立在橡胶绝缘垫上或穿橡胶绝缘鞋，并穿干燥的工作服。

2）容器外面应设有可看见和听见焊工工作的监护人，并应设有开关，以便根据焊工的信号切断电源。

3）应设通风装置，内部温度不得超过 40℃，禁止用氧气作为通风的风源。

4）在密闭容器内，不准同时进行电焊及气焊工作。

三、十不干和十条禁令

1. 国家电网公司生产现场作业"十不干"

（1）无票的不干。

（2）工作任务、危险点不清楚的不干。

（3）危险点控制措施未落实的不干。

（4）超出作业范围未经审批的不干。

（5）未在接地保护范围内的不干。

（6）现场安全措施布置不到位、安全工器具不合格的不干。

（7）杆塔根部、基础和拉线不牢固的不干。

（8）高处作业防坠落措施不完善的不干。

（9）有限空间内气体含量未经检测或检测不合格的不干。

（10）工作负责人（专责监护人）不在现场的不干。

2. 国家电网公司作业安全"十条禁令"

（1）严禁停电或不按规定验电、接地。

（2）严禁高处作业不正确使用安全带、不戴安全帽。

（3）严禁未经工作许可即开展工作。

（4）严禁作业不按规定进行现场勘察。

（5）严禁作业不按规定使用工作票、操作票。

（6）严禁作业现场安全措施未完整就进行工作。

（7）严禁作业监护人员（工作负责人、专责监护人、同进同出人员）擅自离开现场。

（8）严禁现场特种作业人员无证上岗。

（9）严禁不安施工方案进行施工。

（10）严禁使用不合格的验电笔、接地线、绝缘棒、安全带，高空落物高风险场所不戴安全帽。

第二节 施工现场安全标准化管理

1. 现场管理标准化的概念

开展现场管理标准化的概念是动员全体职工,围绕项目施工全过程的一切工作内容和目的,依据国家(行业)和企业制定的各种有关标准和规定而开展的规范化、制度化的现场管理活动,是在施工现场具体实施、落实各种既定标准的工作。推行这一活动,应引用全面质量管理基本思想中"三全"的方法,即全面、全过程、全员。

(1) 全面。就内容来讲,要求施工现场的各项管理都要实行标准化,包括现场布置标准化、工序作业标准化、生活办公区管理标准化、经济核算和现场分区责任标准化等。

(2) 全过程。就空间和时间而言,是整体的和由始至终的。即在一个工程项目中,从上到下、从左到右的各个岗位的各项工作都要实行标准化管理,从开工到竣工的各部分项、各环节都要实行标准化管理。

(3) 全员。就对象而言,不是少数人搞标准化管理,而是动员全体人员都投入到标准化工作中去,做到人人了解、人人支持、人人参与,在各自的岗位上开展标准化工作,做到每个人既是标准的制定者,也是标准的执行者。

2. 施工现场的主要标准

(1) 技术类标准。如质量检验评定标准、施工技术规范、工序作业标准等。

(2) 管理类标准。如工程项目质量管理标准、现场材料管理标准、安全管理标准、施工用电管理标准、施工准备管理标准等。

(3) 行为类标准。如工程项目管理人员工作标准、电气焊技术工人操作标准、垂直运输设备安全操作规程等。

3. 施工现场管理标准化的实施

施工现场管理标准化,从某种角度说,是施工企业管理意识与管理行为的一次变革,最终要靠全体职工去落实。施工现场管理标准化的实施应该遵循以下原则。

(1) 注重思想观念的转变,统一对标准化的认识。一方面,各有关部门应该制定相应的政策,鼓励施工企业自觉进行现场管理标准化,并对企业的标准化进程加以引导;另一方面,各施工企业应认识到标准化管理的重要性,主动制定规范的标准,并对全体职工进行观念转变的教育工作。

(2) 明确划分各岗位的工作范围，各项工作按照标准严格执行作并且责任到人。企业和员工意识到施工现场标准化管理的重要性以后，还需要企业管理人员清楚地划分各项工作范围，给各项工作制定标准化的流程，使每个工作人员明确自己的工作任务和责任范围。

(3) 制订相应的评估和奖想办法。施工企业管理人员应根据各项工作的特点，制定科学合理的评估办法，对员工的行为进行积极引导。另外，还应根据评估结果对员工进行适当的奖惩，使工作绩效与员工的切身利益挂钩。

4. 施工现场管理措施

施工现场管理措施是根据项目的具体情况所采取的管理方法。施工现场管理措施主要开展 5S 活动。

(1) 5S 活动。5S 活动是符合现代化大生产特点的一种科学的管理方法，是提高现场管理效果的一项有效措施和手段，5S 分别表示整理、整顿、清扫、清洁、素养（取自日语发音的罗马字首字母）。开展 5S 活动，要特别注意调动项目全体人员的积极性。在项目全过程，始终要做到自觉管理、自我实施和自我控制。

1) 整理。指对施工现场现实存在的人、事、物进行调查分析，按照有关要求区分需要和不需要、合理和不合理，将施工现场不需要和不合理的人、事、物及时处理。

2) 整顿。指在整理的基础上，将施工现场所需要的人、事、物、料等按照施工现场平面布置设计的位置，并根据有关法规、标准及规定，科学合理地布置和堆码，使人才得到合理利用，物品得到合理定置，实现人、物、场所在空间上的最佳结合，从而达到科学施工，文明安全生产，提高效率和质量的目的。

3) 清扫。指对施工现场的设备、场地、物品等进行维护打扫，保持现场环境干净整齐，无垃圾、无污物，并使设备运转正常。

4) 清洁。指维持整理、整顿、清扫，是前 3 项活动的继续和深入。通过清洁，消除发生事故的根源，使施工现场保持良好的施工与生活环境和施工秩序，并始终处于最佳状态。

5) 素养。指努力提高施工现场全体人员的素质，养成遵章守纪和文明施工的习惯。这是开展 5S 活动的核心和精髓。

(2) 合理定置。合理定置就是将施工现场所需的物在空间上合理布置，实现人与物、人与场所、物与场所、物与物之间的最佳配合，使施工现场秩序化、标准化和规范化,以体现文明施工水平。合理定置是现场管理的一项重要内容,是改善现场环境的一种科学的管理方法。

第三节 水电机组检修项目安全管理体系

一、水电机组检修安全管理的基本概念

水电机组检修项目安全管理,就是在项目实施过程中,组织安全生产的全部管理活动。通过对生产因素实施安全状态的控制,使不安全的行为和状态减少或消除,以保证项目整体目标的实现。

二、水电机组检修项目安全管理的范围

安全管理的中心问题是保护生产活动中人的安全与健康,保证生产顺利进行。宏观的安包括劳动保护、安全技术和工业卫生3个方面,三者之间既相互独立,又相互联系。

(1)劳动保护。侧重以政策、规程、条例、制度等形式规范操作或管理行为,从而使劳动者的劳动安全与身体健康得到应有的法律保障。

(2)安全技术。侧重对劳动手段和劳动对象的管理,包括预防伤亡事故的工程技术相关技术规范、技术规定、标准、条例等,以规范物的状态减轻或消除对人的威胁。

(3)工业卫生。侧重对工业生产中高温、粉尘、振动、噪声、毒物的管理,通过防护、医疗、保健等措施,防止劳动者的安全与健康受到有害因素的危害。

三、安全管理的基本原则

安全管理是企业生产管理的重要组成部分,是一门综合性的系统科学。安全管理是对生产中一切人、物、环境的状态管理与控制,安全管理是一种动态管理。

(1)管生产同时管安全。安全寓于生产之中,并对生产发挥促进与保证作用。虽然安全与生产有时会出现矛盾,但从安全和生产管理的目的来看,两者表现出高度的统一。

(2)坚持安全管理的目的性。安全管理的内容是对生产中的人、物、环境因素状态的管理,有效控制人的不安全行为和物的不安全状态,消除或避免事故,达到保护劳动者的安全与健康的目的。

(3) 必须贯彻预防为主的方针。安全生产的方针是"安全第一、预防为主"。

1) "安全第一"是指从保护生产力的角度和高度，表明在生产范围内安全与生产的关系，肯定安全在生产活动中的位置和重要性。

2) "预防为主"是指要正确认识生产中的不安全因素，端正消除不安全因素的态度，选准消除不安全因素的时机，经常检查，及时发现，采取措施，明确责任。

(4) 坚持"四全"动态管理（即全员、全面、全过程、全天候管理）。"全面"是指从生产、经营、基建、科研到后勤服务的各单位、各部门都要抓安全。"全过程"是指每项工作的各个环节都要自始至终地做安全工作。"全天候"是指一年 365 天，一天 24 小时，不管什么天气，不论什么环境，每时每刻都要注意安全。安全管理不是少数人和安全机构的事，而是所有与生产有关的人和事。缺乏全员的参与，安全管理不会产生好的管理效果。当然，这并非否定安全管理第一责任人和安全机构的作用，生产组织者在安全管理中的作用固然重要，但有效的安全管理离不开全员参与。

(5) 安全管理重在控制。进行安全管理的目的是预防、消灭事故，防止或消除事故伤害，保证劳动者的安全与健康。

(6) 在管理中求发展。既然安全管理是在变化着的生产活动中的管理，是一种动态管理，就意味着它是不断发展、不断变化的，只有这样才能适应生产活动的变化，消除新的危险因素。

四、水电机组检修项目安全管理实施流程与组织体系

完善的安全管理组织体系是对工程项目进行安全管理的前提和基础。安全管理委员会、安全责任人制度以及各类现场安全管理制度、安全准则、安全规定及安全程序，都是组织安全生产必不可少的手段。建设安全生产管理体系具有明晰的层次结构，管理过程具有明显的协同特性，若想对企业、项目、作业现场进行三位一体的协同管理，单纯依靠现场努力进行安全管理的效果并不佳。

五、水电机组检修项目施工安全计划及其实施

1. 安全计划的主要内容

安全计划是根据项目特点进行安全策划最终所形成的文件，包括规划安全作业目标，确定安全技术措施等。安全计划应在项目实施前制定，并在实施过

程中不断调整和完善。安全计划是进行安全控制和管理的指南,是考核安全控制和管理工作的依据,其主要内容如下。

(1) 项目概况。包括项目的基本情况,可能存在的主要不安全因素等。

(2) 安全控制和管理目标。明确安全控制的总目标和子目标,目标要具体化。如某电厂×号机组改造及 A 级检修项目安全目标为:①不发生误操作事故;②不发生轻伤及以上人身事故;③不发生设备损坏事故;④不发生火险和火灾事故;⑤不发生水淹厂房事故;⑥不发生全厂停电事故。

(3) 安全控制和管理程序。明确安全控制和管理工作的过程,制定安全事故的处理程序。

(4) 安全管理组织结构。包括安全管理组织结构的形式和组成。

(5) 职责权限。根据组织机构状况明确不同组织层次、各相关人员的职责和权限,进行责任分配。如某电厂×号机组改造及 A 级检修项目各级安全人员职责如下。

1) 项目经理安全职责。项目经理负责项目的安全质量管理工作,及时解决、反映施工过程中的安全问题,确保施工安全和处于受控状态。

2) 安全总监安全职责。对施工现场的安全措施和环境因素的落实情况进行监督,对不符合检修现场安全文明生产管理实施要求的,有权制止施工人员进行工作,确保本工程现场安全管理处于受控状态。

3) 各专业检修负责人安全职责。应认真按标准化作业指导书、方案和规定的工艺标准要求进行施工,对施工中出现的安全问题及时向安全总监反映,确保每个工作点的施工安全控制。

4) 检修人员安全职责。检修人员应严格按照检修(安全生产)管理及电力安全工作规程的相关要求,开工前认真学习有关检修规程和《安全措施及危险点预控(危险源辨识和安全风险分析及预控措施)》。开工后各工作负责人应合理安排好当天工作,并布置安全措施及注意事项,组长、安全员全面把关,每天工作结束后各工作负责人应全面检查各工作面安全情况,如临时电源、孔洞等危险点的安全管控措施落实。各成员应牢固树立"安全第一"思想,做到人身"四不伤害"。

(6) 规章制度。包括安全管理制度、操作规程、岗位职责等规章制度的建立,应遵循的法律、法规和标准等。

(7) 资源配置。针对项目特点,提出安全管理和控制所必需的材料设施等资源要求和具体的配置方案。

(8) 安全措施。根据以前的经验教训以及具体的施工环境，进行安全风险分析，确定安全防范重点，制定安全技术措施。如某电厂×号机组改造及 A 级检修项目人身伤害防范措施如下。

1) 在做导水叶开度测量工作时，应由运行操作导水叶开关；每次测量进行时，关闭主供油阀，测量工作应快速而准确，同时在工作时，禁止自动化专业对调速器及压油系统进行检修工作。导水叶内部检修作业时，应保证接力器无压。

2) 在转轮上工作，必须有可靠的防滑措施。

3) 在蜗壳内导水叶处工作时，应有专人防护。

4) 严禁无防护措施的上下交叉作业。

5) 配合电焊人员应戴墨镜和手套，防止眼睛灼伤和烫伤。

6) 吊转子时监护桥机主钩制动器人员要事先熟悉操作过程，并有事前演习培训记录。在监护桥机主钩制动器过程中，要防止滑跌措施。

7) 进入快降门内部检查、检修工作，按高空管理进行，并有双重防护措施。

(9) 根据工程项目特点，除了要制定一般安全措施，还应制定有针对性的专项安全管理规定。如某电厂×号机组改造及 A 级检修项目受限空间作业专项安全管理规定如下。

1) 受限空间主要包括罐体、容器、地沟、阴井、电缆隧道、输送管道内等作业场所。这些场所必须做好防止气体中毒、缺氧窒息、高温烫伤、高温中暑、碰伤、触电、易燃易爆等情况发生的措施。

2) 工作人员应身体健康，精神状态良好；工作人员的劳动防护用品应齐全完整，符合所从事工作的要求。

3) 在受限空间内作业人孔门处应设专人连续监护，并设有出入受限空间的人、物登记表，记录人、物数量和出入时间。在受限空间出入口处挂"有人工作"警示牌。

4) 在受限空间内作业，应有专人监护，严格按照"先通风、再检测、后作业"的原则，通风、检测不合格时严禁作业。工作前和工作中应向受限空间内通空气，禁止通入氧气；在受限空间内作业，每次工作前均应测量受限空间内的氧气、一氧化碳、二氧化碳及其他有毒有害气体的含量，符合要求时方可进入受限空间工作。

5) 在受限空间内作业，工作前和工作结束后均应清点人员和工具，按照登记记录进行核对，防止有人或工具留在受限空间内；工作结束后应将受限空间人孔门关闭，悬挂"禁止入内"警示牌。如需通风不能关闭人孔门应设置密目网，悬挂"禁止入内"警示牌。

6）在电缆廊道、电缆夹层内作业，应做好防止损坏运行电缆的措施；在有来气、来水、来油等可能的受限空间内作业，应做好可靠的隔离措施（关闭阀门并上锁或加装堵板等），并挂"严禁操作"警示牌；在可燃气体、液体或有毒、有害气体、液体容器内作业，除按要求更换清理干净气体或液体后，工作前必须测量气体或液体的含量，符合要求后再进行工作。

7）在受限空间内作业，应做好应急准备；紧急救援时应防止救援人员受到伤害。

8）应使用安全电压照明，装设漏电保护器，漏电保护器、行灯变压器、配电箱、电源开关、应放在受限空间的外边；禁止在受限空间内同时使用电、气焊；在受限空间内电焊作业时，应戴绝缘手套，站在具有阻燃性能和绝缘性能的垫子上。

9）工作前测量受限空间内温度符合要求；按要求穿着隔热服；向受限空间内通风降温。

10）在受限空间内作业，应戴好安全帽；应穿好合适的工作服；照明应充足；如需悬空作业应扎好安全带。

（10）检查评价。明确检查评价方法和进入快降门内部检查、检修工作，按高空管理进行，并有双重防护措施价标准。

（11）奖惩制度。明确奖惩标准和办法。

2. 安全技术交底

（1）安全技术交底的要求。单位工程开工前，单位工程技术负责人必须将工程概况、施工方法、安全技术交底的内容、交底时间和参加人员、施工工艺、施工程序、安全技术措施，向承担施工的作业队负责人、工长、班组长和相关人员进行交底，使执行者了解安全技术及措施的具体内容和施工要求，确保安全措施落到实处，同时应保存双方签字确认的安全技术交底的内容、时间和参加人员的记录。

（2）安全技术交底的主要内容。①本工程项目施工作业的特点和危险点；②针对危险点的具体预防措施；③应注意的安全事项；④相应的安全操作规程和标准；⑤发生事故后应及时采取的措施和急救措施。某电厂×号机组改造及A级检修项目应急处置方案见表4-2～表4-4。

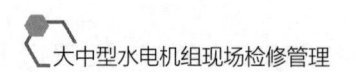

表 4-2　　　　　　　　　　低压触电应急处置方案

序号		应急处理措施	备注
1	施救人员	立即拉闸断电，并用竹竿、木棍挑开电线，使伤员脱离险境；救护员不能用手直接去拉触电者	
2	触电者有心跳、有呼吸、有知觉	1. 应将触电者抬至空气新鲜、通风良好的地方躺下，安静休息1~2h，让他慢慢恢复正常；天凉时要注意保温，并随时观察呼吸、脉搏变化； 2. 若条件允许，送医院进一步检查	
3	触电者有心跳、无呼吸、无知觉	1. 立即用仰头抬颏法，使气道开放，并进行口对口人工呼吸，切记这种情况下不能对触电者施行心脏按压； 2. 口对口人工呼吸，每次向伤员口中吹气1~1.5s，同时仔细地观察伤员胸部有无起伏，一次吹气完毕后，应立即与伤员口部脱离，轻轻抬起头部，以便做下一次人工呼吸	
4	触电者无心跳、呼吸微弱、无知觉	1. 立即施行心肺复苏法抢救，伤员仰面平躺，通畅气道，清除口、鼻腔中异物； 2. 胸外心脏按压频率应保持在100次/min； 3. 口对口人工呼吸，每次向伤员口中吹气1~1.5s，同时仔细地观察伤员胸部有无起伏，一次吹气完毕后，应立即与伤员口部脱离，轻轻抬起头部，以便做下一次人工呼吸； 4. 胸外心脏按压与人工呼吸比例，成人为30∶2； 5. 胸外心脏按压与人工呼吸反复进行，直到协助抢救者或医护人员到来	

表 4-3　　　　　　　　　　特大火灾应急处置方案

序号		应急处理措施	备注
1	尾水管	1. 立即停止工作； 2. 工作负责人或监护人组织人员观察火灾部位及与工作地点关系； 3. 就近从水沟中取少许水打湿捂住口鼻的棉布，再从机组侧的楼梯撤离（与火灾地点反向）至水轮机层	1. 全厂工作最低点； 2. 撤离时防止吸入烟气
2	蜗壳	1. 立即停止工作； 2. 工作负责人或监护人组织人员观察火灾部位及与工作地点关系； 3. 人员从蜗壳进入95廊道，就近从水沟中取少许水打湿捂住口鼻的棉布，再从机组侧的楼梯撤离（与火灾地点反向）至水轮机层，再撤离至发电机层	1. 尽快撤出工作地点； 2. 撤离时防止吸入烟气

续表

序号		应急处理措施	备注
3	水轮机层	1. 立即停止工作； 2. 工作负责人或监护人组织人员观察火灾部位及与工作地点关系； 3. 立即从就近机组技术供水系统取水（滤过器上）取水打湿捂住口鼻的棉布和工作服，再从机组侧的楼梯撤离（与火灾地点反向）至发电机层	撤离时防止吸入烟气
4	发电机及发电机层	1. 立即停止工作； 2. 工作负责人或监护人组织人员观察火灾部位及与工作地点关系； 3. 就近打开消防阀取水保护自己（打湿及降温）；与火灾地点反向迅速撤离	撤离时防止吸入烟气

表 4-4　　　　　　　　　　水淹厂房应急撤离方案

序号		应急处理措施	备注
1	尾水管	1. 立即停止工作； 2. 工作负责人或监护人组织人员观察尾水管进水情况； 3. 工作人员从尾水管进入蜗壳层，再从机组侧的楼梯撤离（带上工作灯，防止应急照明灯失效）至水轮机层； 4. 如蜗壳层积水影响安全撤离，则直接按"尾水管→基础环→底环顶盖→水轮机层"通道撤离	
2	蜗壳	1. 立即停止工作； 2. 工作负责人或监护人组织人员观察蜗壳层进水情况； 3. 工作人员从蜗壳进入孔撤离，再从机组侧的楼梯撤离（带上工作灯，防止应急照明灯失效）至水轮机层； 4. 如蜗壳层积水影响安全撤离，则直接按"尾水管→基础环→底环顶盖→水轮机层"通道撤离	
3	水轮机层	1. 立即停止工作； 2. 工作负责人或监护人组织人员观察水轮机层进水情况； 3. 根据情况迅速从厂机组侧的楼梯撤离至发电机层	
4	发电机及发电机层	1. 立即停止工作； 2. 工作负责人或监护人组织人员观察进水情况； 3. 根据情况迅速从厂房上游侧电梯井的楼梯撤离至坝顶	

六、水电机组检修项目安全管理责任体系

1. 安全管理监督层的职责

安全管理监督层的职责依管理层的权限范围而定,具体可以分为项目经理的安全管理职责、安全总监或安全主管的安全管理职责、项目总工的安全管理职责三大部分。

(1) 项目经理的安全管理职责。项目经理是项目安全生产的直接责任人。因此,项目经理必须认真贯彻安全生产方针、政策、法规和各项规章制度;制定安全生产管理办法;严格执行安全考核指标和安全生产管理办法;严格执行安全生产奖惩办法;严格执行安全技术措施审查制度和施工项目安全交底制度,组织安全生产检查定期分析;针对施工中存在的安全隐患制定预防和纠正措施;发生安全事故后按照事故处理的规定上报、处置,制定预防事故再发生的措施。

(2) 安全总监或安全主管的安全管理职责。安全总监或安全主管是项目安全的直接执行者,与项目经理一样,也是项目安全管理的直接责任人。安全总监或安全主管应当参与编制安全管理方案,参与施工方案的编制,重点对施工方案的安全性进行审核;对施工人员的安全技术交底进行审核;负责对施工员进行总体安全管理方案交底,负责按分部工程进行安全交底;负责监督安全管理方案和技术交底的落实工作;负责对安全管理过程进行监督。

(3) 项目总工的安全管理职责。项目总工是项目技术负责人,项目技术管理工作应该包括工程技术和安全技术,包括专项安全技术方案的制定、审批和落实。

2. 安全管理执行层的职责

(1) 安全员的安全管理职责。安全员作为施工生产的直接指挥员必须遵循"管生产必须管安全"的原则,确保安全生产。安全员的主要安全管理职责有以下几种。

1) 负责具体落实安全管理方案规定的各项安全管理措施。

2) 负责按分项工程进行安全技术交底,负责与生产相关的各个环节的安全问题。

3) 对施工现场安全防护装置和设施组织验收,合格后方可使用。

4) 组织工人学习安全操作规程。

5) 应自觉接受安全管理监督层的监督管理,及时消除安全管理隐患,确保生产安全。

6) 发生事故后立即上报并保护好现场，参加事故调查处理。

（2）班组长的安全管理职责。班组长是安全管理的直接负责人，班组长的安全意识和安全素质对工人具有直接影响。班组长应做到熟悉本工种的操作规程和安全操作知识，坚持进行班前安全教育；安排生产任务时进行安全措施交底；严格执行本工种安全操作规程，拒绝违章指挥和强令冒险作业；上岗前对所有使用的机具、设备、防护用具及作业环境进行安全检查，发现问题及时采取改进措施以消除安全隐患；检查安全标牌是否按规定设置，标志方法和内容是否完整；组织班组开展安全活动；发生工伤事故时组织抢救，保护现场并立即上报。

（3）操作工人的安全管理职责。从事故死亡人员的统计分析来看，事故死亡人员大多数是操作工人，而从事故原因来看，绝大多数事故是违章操作引起的。因此，操作工人是否具有很强的自我保护意识、是否能够遵章守纪，是安全管理的重中之重。操作工人应认真学习并严格执行安全技术操作规程；自觉遵守安全生产规章制度；执行技术交底和有关安全生产的规定，不违章作业；服从安全监督人员的指导，爱护并正确使用安全设施和防护用具；对不安全作业提出批评和意见。

七、水电机组检修项目项目危险源的识别和控制

1. 危险源与事故

（1）危险源。危险源是安全控制的主要对象。危险源是指可能导致伤害或疾病、财产损失、工作环境破坏或这些情况的组合的根源或状态。危险源可分为两类。

1）第一类危险源。是指可能发生意外释放能量的载体或物质。这是事故发生的主体，决定事故后果的严重程度。

2）第二类危险源。是指造成约束、限制能量措施失效或破坏的各种不安全因素。这是导致事故的必要条件，决定事故发生的可能性。第二类危险源包括：①偏离规定要求而未能完成预定任务的人的不安全行为；②系统设备未能完成预期功能等物的不安全状态；③导致物的故障或人的失误的不良环境因素。

（2）事故。事故是造成死亡、疾病、伤害或损失的意外事件，是上述两类危险源同时作用导致的结果。

2. 危险源的识别与评估

（1）危险源的识别。根据建设项目现场情况，应采用专家调查或安全检查等方法，对项目实施全过程的危险源进行分类辨识，包括物理性、化学性、生

物性、心理和生理性、行为性等危险因素。

（2）危险源的评估。根据对危险源的识别，评估危险源造成风险的可能性和大小，对风险进行分级，以便对不同的风险采取相应的分级风险控制措施。

3. 危险源的控制方法

（1）第一类危险源的控制方法。为了防止或降低风险，对第一类危险源采取的控制措施包括消除危险源、限制能量和隔离危险物质等。为了防止或减小事故损失，可采取隔离、体防护和应急救援等措施。

（2）第二类危险源的控制方法。第二类危隘源涉及的范围很广，其控制方法包括：①提高类设施的可靠性以消除或减少故障、增加安全系数；②设置安全监控系统、改善作业环境；③最重要的是加强员工的安全生产培训，增强安全生产意识，克服一切不利于安全的不良习惯，严格按章操作，并在生产中保持良好的生理和心理状态。比如，某电厂×号机组改造及 A 级检修项目施工过程中的危险点及预控措施见表 4-5。

表 4-5　某电厂×号机组改造及 A 级检修项目施工过程中的危险点及预控措施

序号	大类	危险点	预控措施
1	机械检修作业	进入蜗壳内工作（蜗壳内工作潮湿、滑，可能滑倒受伤）	1. 蜗壳内铺麻布袋； 2. 进入蜗壳内工作进入口处有明显警示牌； 3. 使用行灯电压为 12V
		尾水管工作	尾水平台抬设过程中防坠，工作成员使用安全带
		打磨作业	1. 使用风动工具、砂轮机时，保护罩要安装牢固； 2. 工作人员着装等符合劳动保护要求； 3. 工作暂停或离开现场应将进风阀关闭
		拦污栅防腐工作	1. 拦污栅吊起和落下过程中，人员撤离施工区域； 2. 施工前检查拦污栅与孔口周围的间隙处应搭设检修平台，并检查牢固、可靠
		发电机内部检查	检查是否做好防止机组转动措施
		上下导油槽内工作	1. 防止人员滑跌； 2. 穿布鞋进入； 3. 清扫内部油渍
		调速器试验工作（动特性、静特性试验）	1. 检查可动部分处无人在现场； 2. 试验人员在试验中不得离开现场； 3. 试验过程设专人监护，安装好围栏并挂好安全标志牌

续表

序号	大类	危险点	预控措施
2	人孔门（153高程）及闸门检测工作	人孔门工作（153高程）	1. 进入井道工作前，应检查井道内无水，并测量氧气含量合格和有毒有害气体含量不超标准，应将测量结果记入检测记录表中； 2. 井道内有水，应根据情况进行排水，否则工作人员不能进入井道工作； 3. 进入井道时，检查爬梯牢固，人员上下注意安全； 4. 如井道内氧气含量不合格，应进行通风后，再测量氧气含量合格后方可进入工作； 5. 人孔堵头吊运至廊道处理和吊下井道时，井道内（或保证重物下方）无人，防止落物伤人； 6. 开孔、封孔过程中或井道内有人工作时，井道口应有人监护； 7. 人员暂时撤离时，井道口应恢复防护措施； 8. 开孔、封孔操作，注意做好防止机械伤害； 9. 提门后压力钢管有水全压时应专人检查人孔门（153高程）无漏水
		闸门检测工作	1. 进入闸门检测工作，第一次进入前应用铁锤检测人孔门（153高程）口至闸门这段爬梯的牢固情况； 2. 进入闸门检测人员必须系防坠器（防坠器钢丝绳长度应足够）防护； 3. 进入闸门工作所需电器的电压不能超过12V； 4. 检测人员在闸门处工作须做好个人安全防护工作； 5. UT探伤的耦合剂，检测后应清除干净，防止污染水源

八、水电机组检修项目安全检查及事故处理

1. 项目安全检查

（1）安全检查的目的。工程项目安全检查的目的是评价施工安全计划的有效性，发现不安全行为和隐患，分析原因，制定措施，防止事故，改善劳动条件以及提高员工的安全生产意识。

（2）安全检查的内容。根据施工过程的特点和计划目标的要求，采取随机抽样、现场观察和实地检测相结合的方法，确定阶段性安全检查的内容，包括安全生产责任制、施工安全计划、安全组织机构、安全保证措施、安全技术交

底、安全教育和培训、安全持证上岗、安全设施、安全标志、操作行为、违规处理和安全记录等。

(3) 安全检查的方式。根据施工的具体情况，安全检查的方式可包括：①项目定期组织的安全检查，各级管理人员的日常性检查、专业安全检查；②季节性和节假日全检查以及不定期检查等。

(4) 安全检查记录和报告。检查记录是安全评价的依据，必须实事求是地详细记录安全检查结果，经全面的定性和定量分析，编制安全检查报告。安全检查报告内容应包括已达标项目、未达标项目、存在的问题、原因分析、纠正措施和预防措施。

(5) 施工安全验收制度。"验收合格才能使用"是施工安全验收的原则。各类脚手架、临时设施、临时电气工程设施、各类起重机械和施工机械设备以及个人防护用品等，都必须经过检查验收，经书面确认合格后，方可使用。

2. 工程项目安全隐患处理

(1) 安全隐患记录。记录检查中发现的各类安全隐患，通过统计分析，主要有两类：①通病，多个部位存在的同类型隐患；②顽症，重复出现的隐患。根据对通病和顽症的分析和研究，修订和完善安全管理措施。

(2) 安全隐患整改通知。检查后发出安全隐患整改通知单，受检查单位应进行安全隐患原因分析，制定纠正和预防措施，经检查单位负责人批准后执行。

(3) 当场指正。对于违章指挥和违章作业行为，检查人员应当场指出，并限期纠正。

(4) 跟踪验证。对受检单位的纠正和预防措施的实施过程和实施效果，检查单位应进行跟踪验证，并保存验证记录。

3. 安全事故处理的程序

(1) 迅速抢救伤员并保护事故现场。事故发生后，现场人员应及时向上级报告，并有组织、有指挥地抢救伤员和排除险情，科学实效，防止事故扩大。同时，应采取一切可能的措施，防止人为或自然因素的破坏，尽可能保持事故结束时的原状，以便于调查事故原因。

(2) 组织调查组。上级主管接到事故报告后，应迅速赶到现场组织抢救，并迅速组织调查组开展调查。事故调查组的组成如下。

1) 轻伤、重伤事故调查组。由企业负责人或其指定人员组织生产、技术、安全等部门及工会组成。

2) 伤亡事故调查组。由企业主管部门会同企业所在地区的行政安全部门、公安部门、工会组成。

3）重大死亡事故调查组。按照企业的隶属关系，由省、自治区、直辖市企业主管部门或国务院有关部门会同同级行政安全管理部门、公安部门、监察部门、工会组成。死亡和重大死亡事故调查组应邀请人民检察院参加，还可邀请有关专业技术人员参加，与发生事故有直接利害关系的人员不得参加调查组。

4）现场勘察。现场勘察技术性很强。事故发生后，调查组应迅速到现场进行及时、全面、准确和客观的勘察，包括现场笔录、现场拍照和现场绘图。

5）分析事故原因。通过认真、客观、全面、细致、准确的调查和分析，查明事故经过，按受伤部位、受伤性质、起因物、致害物、伤害方法、不安全状态和不安全行为等，查清事故原因，包括人、物、生产管理和技术管理等方面的原因。

6）制定预防措施。根据对事故原因的分析，制定防止类似事故再次发生的预防措施，根据事故后果和事故责任者应负的责任提出处理意见。

7）写出调查报告。调查组应着重把事故发生的经过、原因、责任分析、处理意见以及本次事故的教训和改进工作的建议等写成报告，经调查组全体人员签字后报批。

8）事故的审理和结案。事故调查报告经有关机关审批后方可结案，做出处理结论，并根据情节的轻重和损失的大小对事故责任者进行处理。

9）国家电网公司下属电厂工程项目发生的安全事故，按《国家电网公司安全事故调查规程》规定进行处理。

大中型水电站运行检修系列

第五章

职业健康与环境管理

第一节 水电机组检修项目职业健康管理

一、HSE 管理体系简介及运行模式

1. HSE 管理体系简介

HSE 是健康（Health）、安全（Safety）和环境（Environment）的简称，HSE 管理体系是组织实施健康、安全与环境管理的组织机构、职责、做法、程序、过程资源等要素构成的有机整体，这些要素通过先进、科学、系统的运行模式有机地融合一起，相互关联相互作用，形成动态管理体系。H 是指人身体上没有疾病，心理上保持；S 是指在劳动生产过程中，努力改善劳动条件、克服不安全因素，使在保证劳动者健康、企业财产不受损失、人民生命安全前提下顺利进行；E 是指与人类密切相关的、影响人类生活和生产活动的各种自然力量或作用的总和，它不仅包括素的组合，还包括人类与自然因素间相互形成的生态关系的组合。从功能上讲，HSE 管理是一种在技术和标准前进行风险分析，确定自身活动可能发生的危害和后果，从而采取有效的 HSE 管理防范手段和控制措施防止其发生，以便减少可能引起的人员伤害、财产主环境污染的有效管理模式。它强调改进的事前预防和持续改进，具有高度的工程项目管理自我约束、自我完善、自我激励机制，因而是一种现代化的管理模式，是现代企业制度之一。

由于健康、安全和环境的管理在实际工作过程中有着密不可分的联系，因此把它们组成一个整体的管理体系，是现代建设工程管理的必然要求。近几年的研究表明，HSE 管理体系对减少事故，特别是减少重大工程事故的发生起到了不可估量的作用。工程项目管理与工程事故的相关关系如图 5-1 所示。

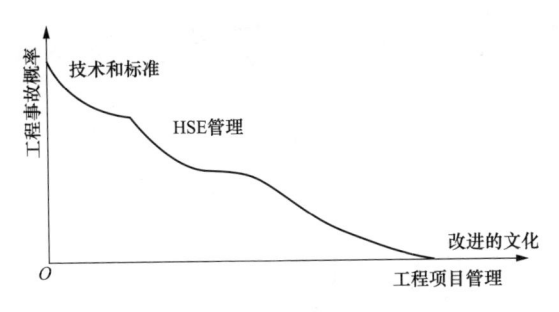

图 5-1　工程项目管理与工程事故的相关关系

2. 工程项目职业健康、安全及环境管理体系运行模式

HSE 管理体系主要用于指导企业通过持续和规范化的管理，建立一个符合要求的健康、安全和环境管理体系，通过不断的评价、管理评审和体系审核活动，推动这个体系的有效性，达到健康、安全和环境管理水平不断提高的目的。HSE 管理体系由 8 个关键要素组成，分别为：①领导和承诺；②方针和战略目标；③组织机构；④资源和文件；⑤评价和风险管理；⑥规则；⑦实施与检测；⑧审核和评审。每一个关键要素都是工程项目组织 HSE 管理要达到的一个标准，同时每一个标准又是由一个战略目标和具体指标来支持。HSE 管理体系遵循 PDCA 循环。该循环是不断审核戴明博士关于管理过程运行的一种模型表达形式，即把一个管理过程分解为计划（Plan）、实施（Do）、检查（Check）、改进（Action）4 个阶段依次进行，周而复始，形成一个管理的闭环，使管理不断改善。可将 HSE 管理模式比喻成动态螺旋桨，如图 5-2 所示。

在图 5-2 中，"领导和承诺"是轴心，是建管理体系立和实施 HSE 的关键。螺旋桨的叶轮片为顺序持续改进排列的其他关键要素。整个螺旋桨将围绕"领导和承诺"这个轴心循环上升，由此保证工程成功实现其战略目标并达到各个要素要求的标准。

二、工程项目职业健康管理定义及目的

1. 职业健康管理的定义

职业健康是指影响工作场所内员工、临时工作人员、合同方人员、访问者和其他人员健康的条件和因素。

职业健康管理就是经营管理者用现代管理的科学知识，分析职业健康的条件和因素，概括职业健康安全的目标要求，进行策划、组织、协调、指挥和改进的一系列活动。其目的是保证生产经营活动中的人身安全、财产安全，促进

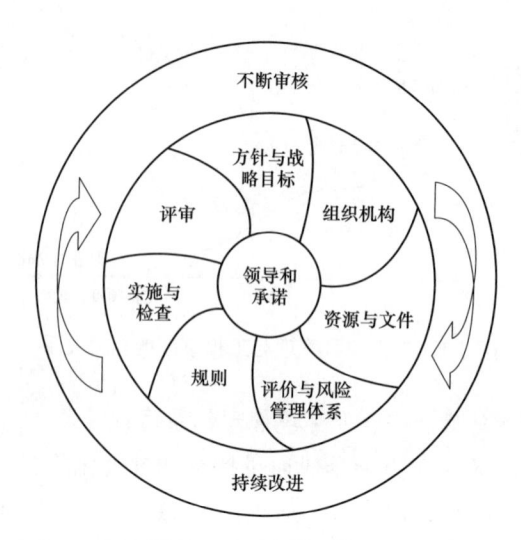

图 5-2　HSE 管理模式

生产的发展，保持社会的稳定。职业健康管理体系是工程项目 HSE 管理体系的组成部分，是组织对与其业务相关的职业健康风险的管理，它包括为制定、实施、实现、评审和保持职业健康方针所需的组织结构、计划活动、职责、惯例、程序、过程和资源。

（1）职业健康监护。以预防为目的，根据劳动者的职业接触史，通过定期或不定期的医学健康检查和健康相关资料的收集，连续地监测劳动者的健康状况，分析劳动者健康变化与所接触的职业性有害因素的关系，并及时将健康检查和资料分析结果报告给用人单位和劳动者本人，以适时采取干预措施，保护劳动者健康的活动。

（2）职业健康检查。通过医学手段和方法针对劳动者所接触的职业病危害因素可能产生的健康影响和健康损害进行临床医学检查，了解受检者健康状况。职业健康检查是早期发现职业病、职业禁忌证和可能的其他疾病和健康损害的医疗行为，是职业健康监护的重要内容和主要的资料来源，包括上岗前、在岗期间和离岗时健康检查。

（3）职业病。企业、事业单位和个体经济组织等用人单位的劳动者在职业活动中，因接触粉尘、放射性物质和其他有毒、有害因素而引起的疾病。

（4）职业禁忌证。劳动者从事特定职业或者接触特定职业病危害因素时，比一般职业人群更易于遭受职业病危害、罹患职业病或者可能导致原有自身疾病病情加重；或者在作业过程中诱发可能导致对他人生命健康构成危险的疾病的个人特殊生理或病理状态。

（5）职业性有害因素（职业病危害因素）。在职业活动中产生和（或）存在的，可能对劳动者健康、安全和作业能力造成不良影响的化学、物理、生物等因素或条件。

2. 职业健康管理的内容

职业健康管理是在生产活动中，通过职业健康安全生产的管理活动，对影响生产的具体因素进行状态控制，使生产因素中的不安全行为和状态尽可能减少或消除，且不引发事故，以保证生产活动中人员的健康和安全。对于建设工程项目，职业健康管理的目的是防止和尽可能减少生产安全事故、保护产品生产者的健康，保障人民群众的生命和财产免受损失；控制影响或可能影响工作场所内的员工或其他工作人员（包括临时工作人员、承包方工作人员）、访问者或任何其他人员的健康安全的条件和因素，避免因管理不当对在组织控制下工作的人员健康造成危害。

职业健康监护主要内容如下。

（1）早期发现电力企业劳动者职业病、职业健康损害和职业禁忌。

（2）跟踪观察电力企业职业病及职业健康损害的发生、发展规律及分布情况。

（3）评价电力企业劳动者健康损害与作业环境职业性有害因素的关系及危害程度。

（4）实施目标干预，包括改善电力企业劳动者的作业环境条件，改革生产工艺，采用有效防护设施和防护用品，对职业病、疑似职业病和职业禁忌劳动者的处理与安置等。

（5）评价电力企业职业病预防和干预措施的效果。

（6）为制订电力行业职业卫生自律管理对策和职业病防治措施服务。

三、水电检修职业健康管理措施

公司根据水电检修职业健康检查情况，可采取下列管理措施。

（1）对水电企业检修中接触的尘毒、高温、噪声、振动作业环境按照国家标准实行分级管理。

（2）按照国家相关标准对公司尘毒、噪声、振动等有害作业环境定期进行检测评价，发现问题及时处理，上报并督促整改，做好检测数据归档管理工作。

（3）员工就业前、在岗和特殊健康检查，检查结果由人资部门建立职工健康监护档案。健康监护档案包括员工的职业史、职业病危害因素接触史、职业健康检查结果和职业病诊疗等个人健康资料。

1）入职体检。新员工面试合格后，由人资部门通知，到公司指定的医疗机构进行体检。

2）年度体检。公司在岗员工每年进行一次健康体检。

3）特殊情况体检。根据岗位的特殊要求或员工因工作原因接触过传染病源，按公司规定进行专项体检。

（4）明确作业管理、作业环境管理、职业健康管理等职责，适用于公司从事接触职业病危害作业员工的职业健康管理。

（5）加强对职业病防治的宣传教育，普及职业病防治知识，增强职工职业病防治观念，提高职工自我健康保护意识。

（6）建立公司员工上岗前、在岗期间、离岗时的职业健康检查和职业健康监护档案管理。

（7）对从事有毒有害作业的人员进行专门的安全防护知识培训，使其掌握有毒有害作业的操作规程、安全防护以及紧急救护方法，并重点做好有毒有害物品的储存、有毒有害作业现场防护设施、个人防护用品的使用、应急预案演练措施的落实等工作。

（8）调离有职业禁忌的员工或者使其暂时脱离原工作岗位。

（9）对所从事的职业存在健康损害可能的员工进行妥善安置。

（10）对需要复查的员工按照职业健康检查机构要求的时间安排复查和医学观察。

（11）对疑似职业病的员工，按照职业健康检查机构的建议安排其进行医学观察或者职业病诊断。

（12）对存在职业病危害的岗位，立即改善劳动条件，完善职业病防护设施，为员工配备符合国家标准的职业病危害防护用品并督促职工正确使用和穿戴。职业病防护用品必须符合国家标准或行业标准。

（13）任何部门或个人不得随意拆卸停用各种职业健康防护设施、标志，若因故必须拆卸、停用，须报经安监部门批准，并尽可能及时恢复。

四、水电站检修常见职业禁忌健康检查及职业危害因素

水电站现场检修职业禁忌健康检查及职业危害因素较多，可具体参照国家标准及相关规程制度。水电站检修常见职业禁忌健康检查及职业危害因素主要

有电工、压力容器、接触噪声、粉尘等作业。

1. 电工作业人员在岗期间职业健康检查

电工作业人员在岗期间职业健康检查项目见表5-1。

表5-1　　　　电工作业人员在岗期间职业健康检查项目

问诊	体格检查	实验室及其他检查必检项目	实验室及其他检查选检项目	目标疾病职业禁忌证	检查周期
询问心血管系统病史及家族中有无精神病史，近一年内有无眩晕、晕厥史	内科常规检查、眼科常规检查、外科常规检查	血常规、尿常规、丙氨酸氨基转移酶、心电图	脑电图（有眩晕或晕厥史者）	1 癫痫； 2. 晕厥（近一年内有晕厥发作史）； 3. 高血压2级及以上； 4. 红绿色盲； 5. 器质性心脏病及严重的心律失常； 6. 四肢关节运动功能障碍	1年

2. 压力容器作业人员在岗期间职业健康检查

压力容器作业人员在岗期间职业健康检查项目见表5-2。

表5-2　　　压力容器作业人员在岗期间职业健康检查项目

问诊	体格检查	实验室及其他检查必检项目	实验室及其他检查选检项目	目标疾病职业禁忌证	检查周期
询问心血管系统、神经精神系统症状	内科常规检查、耳科常规检查、眼科常规检查	血常规、尿常规、丙氨酸氨基转移酶、心电图、纯音听阈测试	脑电图（有眩晕或晕厥史者）	1. 高血压2级及以上； 2. 癫痫、晕厥； 3. 双耳语言频段平均听力损失>25dB(HL)； 4. 器质性心脏病及严重的心律失常	1年

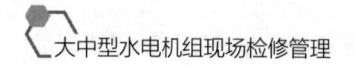

3. 接触噪声作业人员在岗时职业健康检查

接触噪声作业人员在岗时职业健康检查项目见表5-3。

表5-3　　接触噪声作业人员在岗时职业健康检查项目

问诊	体格检查	实验室及其他检查必检项目	实验室及其他检查选检项目	目标疾病职业病	目标疾病职业禁忌证	检查周期
询问有无耳部疾病史及症状、噪声接触史	内科常规检查、耳科常规检查	纯音听阈测试、心电图	血常规、尿常规、声导抗（鼓室导抗图500Hz/1000Hz同侧和对侧镫骨肌反射阈）、耳声发射（畸变产物耳声发射或瞬态诱发耳声发射）	职业性噪声聋，见《职业性噪声聋的诊断》（GBZ 49—2014）	1. 噪声敏感者，即上岗前体检听力正常，噪声环境下工作1年，高频段3000Hz、4000Hz、6000Hz、中任一频率，任一耳听阈达到65dB（HL）； 2. 高血压2级及以上； 3. 器质性心脏病	1年

4. 粉尘作业人员在岗期间职业健康检查

粉尘作业人员在岗期间职业健康检查项目见表5-4。

表5-4　　粉尘作业人员在岗期间职业健康检查项目

问诊	体格检查	实验室及其他检查必检项目	实验室及其他检查选检项目	目标疾病职业病	目标疾病职业禁忌证	检查周期
询问呼吸系统症状	内科常规检查，重点检查呼吸系统、心血管系统	后前位X射线高千伏胸片、肺通气功能测定、心电图	血常规、血沉、尿常规、丙氨酸氨基转移酶	电焊工尘肺、铸工尘肺、水泥尘肺等，见《职业性尘肺病的诊断》（GBZ 70—2015）	1. 活动性肺结核； 2. 慢性阻塞性肺病； 3. 慢性间质性肺病； 4. 伴肺功能损害的疾病	1年

5. 水电企业职业危害项目申报作业场所及职业危害因素分类

水电企业职业危害项目申报作业场所及职业危害因素分类见表5-5。

表 5-5　　水电企业职业危害项目申报作业场所及职业危害因素分类表

作业场所	职业危害因素	接触人数
发电机层	噪声	发电机层涉及的检修、运行人员数量
	局部振动	发电机层涉及的检修、运行人员数量
中间层	噪声	中间层涉及的检修、运行人员数量
	局部振动	中间层涉及的检修、运行人员数量
	高温	中间层涉及的检修、运行人员数量
	高湿	中间层涉及的检修、运行人员数量
蜗壳层	噪声	蜗壳层涉及的检修、运行人员数量
	局部振动	蜗壳层涉及的检修、运行人员数量
	高温	蜗壳层涉及的检修、运行人员数量
	高湿	水轮机层涉及的检修、运行人员数量
水轮机层	噪声	水轮机层涉及的检修、运行人员数量
	局部振动	水轮机层涉及的检修、运行人员数量
	高温	水轮机层涉及的检修、运行人员数量
	高湿	水轮机层涉及的检修、运行人员数量
开关站	噪声	开关站涉及的检修、运行人员数量
	氟及其化合物	开关站涉及的检修、运行人员数量
焊接场所	电焊烟尘	焊工数量
	电焊弧光	焊工数量
	臭氧	焊工数量
	一氧化碳	焊工数量
水下作业场所	高气压	水下检修人员数量
爆破、钻孔灌浆作业场所	水泥尘	爆破、钻孔灌浆人员数量
	石灰石尘	爆破、钻孔灌浆人员数量
	二氧化硫	爆破、钻孔灌浆人员数量
	氮氧化物	爆破、钻孔灌浆人员数量
	一氧化碳	爆破、钻孔灌浆人员数量

6. 水电企业主要职业危害因素

水电企业主要职业危害因素见表5-6。

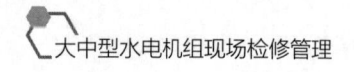

表 5-6　　　　　　　　　　水电企业主要职业危害因素

职业危害因素种类	职业危害因素	产生环节
粉尘类	电焊烟尘	焊接作业时产生
化学因素类	臭氧(O_3)、一氧化碳(CO)、一氧化氮(NO)、二氧化氮(NO_2)	焊接作业时产生
化学因素类	氟（F）及其无机化合物	六氟化硫（SF_6）设备检修和试验过程中，电弧放电可产生含硫的低氟化物
化学因素类	二氧化碳（CO_2）	在地下廊道、孔洞、沟渠等无法自然通风的地点进行检修工其他操作时，环境中存在的二氧化碳
物理因素类	工频电场、工频磁场	交流输、变电设备运行时，其周围空间形成的工频电场、工频磁场
物理因素类	噪声	1. 水轮发电机组、空压机、风机等动载大的设备产生的机械性噪声； 2. 风机管道、送排风口、水泵出口等有高速介质流动产生的流体动力性噪声； 3. 变压器、互感器等送变电设备产生的电磁性噪声
物理因素类	紫外辐射	焊接作业时产生
物理因素类	高温	1. 在高气温、或在强烈热辐射、或伴有高气温相结合的异常气象条件下从事室外运行检修工作； 2. 电气设备间、地下电缆层等处，有较多热量产生，在通风不良时，可能形成高温环境； 3. 建设在南方的水电厂，通风不畅时，厂房也可能形成高温环境
物理因素类	低温	在平均气温≤5℃的条件下从事室外长时间作业
物理因素类	高气压	在进行潜水作业时上浮过快，或其他操作失误可能造成减压不当
物理因素类	局部振动	水轮发电机组、空压机、风机等动载大的设备运转时产生振动
物理因素类	高湿	部分水力发电厂主厂房建设在地下洞室中，或建有地下廊道，地上厂房也邻近水库，空气湿度大，如果通风量不足或进风口不足或进风口空气湿度过大时，可能使厂房内环境潮湿

续表

职业危害因素种类	职业危害因素	产生环节
放射性物质类	氡（Rn）	岩石中含有的放射性元素衰变产生氡，可能逸散到地下厂房或廊道空气中
生物因素类	森林脑炎	位于林区的从事输电线路运行及检修、发电站、换流站运行及检修工作过程中

第二节 职业健康安全事故分类、处理及预防

一、职业健康安全事故分类

职业健康安全事故可分为职业伤害事故与职业病两大类型。

1. 职业伤害事故

职业伤害事故是指因生产过程及工作原因或与其相关的其他原因造成的伤亡事故。按照我国《企业职工伤亡事故分类》（GB 6441—1986）的规定，职业伤害事故分为 20 类，包括物体打击、车辆伤害、机械伤害、起重伤害、触电、淹溺、灼烫、火灾、高处坠落、坍塌、冒顶片帮、透水、放炮、火药爆炸、瓦斯爆炸、锅炉爆炸、容器爆炸、其他爆炸、中毒和窒息、其他伤害等。

2. 职业病

经诊断因从事接触有毒有害物质或不良环境的工作而造成急慢性疾病，属职业病。2002 年卫生部会同劳动和社会保障部发布的《职业病目录》列出的法定职业病分为 10 大类，共 115 种。该目录中所列的 10 大类职业病为：尘肺、职业性放射性疾病、职业中毒、物性皮肤病、职业性眼病、职业性耳鼻喉口腔病理因素所致职业病、生物因素所致职业病、职业性皮病、职业性肿瘤和其他职业病。

按伤害程度和严重程度将工伤事故分为以下 7 类：①轻伤；②重伤事故；③多人事故；④急性中毒；⑤重大伤亡事故；⑥多人重大伤亡事故；⑦特大伤亡事故。

根据 2007 年 3 月 28 日国务院第 12 次常务会议通过的《生产安全事故报告和调理条例》，生产安全事故（以下简称事故）按造成的人员伤亡或者直接经济损失来分，一般分为特别重大事故、重大事故、较大事故及一般事故共 4 级。

（1）特别重大事故。是指造成 30 人以上死亡，或者 100 人以上重伤（包括

急性工业中毒，下同），或者 1 亿元以上直接经济损失的事故。

（2）重大事故。是指造成 10 人以上 30 人以下死亡，或者 50 人以上 100 人以下重伤或者 5000 万元以上 1 亿元以下直接经济损失的事故。

（3）较大事故。是指造成 3 人以上 10 人以下死亡，或者 10 人以上 50 人以下重伤，或者 1000 万元以上 5000 万元以下直接经济损失的事故。

（4）一般事故。是指造成 3 人以下死亡，或者 10 人以下重伤，或者 1000 万元以下直接经济损失的事故。

注：上面所称的"以上"包括本数，所称的"以下"不包括本数。

二、职业健康安全处理

1. 安全事故处理的原则

安全事故处理的原则即"四不放过"原则，具体如下。

（1）事故原因不清楚不放过。

（2）事故责任者和员工没有受到教育不放过。

（3）事故责任者没有处理不放过。

（4）没有制定防范措施不放过。

2. 安全事故处理程序

（1）报告安全事故。

（2）安全事故，抢救伤员，排除险情，防止事故蔓延扩大，做好标志，保护好现场等。

（3）安全事故调查。

（4）对事故责任者进行处理。

（5）编写调查报告并上报。

3. 安全事故报告制度

2007 年国务院 493 号令的相关规定如下。

第九条　事故发生后，事故现场有关人员应当立即向本单位负责人报告；单位负责人到报告后，应当于 1h 内向事故发生地县级以上人民政府安全生产监督管理部门和负有安全生产监督管理职责的有关部门报告，可以直接向事故发生地县级以上人民政府安全监督管理部门和负有安全生产监督管理职责的有关部门报告。

第十条　安全生产监督管理部门和负有安全生产监督管理职责的有关部门接到事故报告后，应当依照下列规定上报事故情况，并通知公安机关、劳动保

第五章 职业健康与环境管理

障行政部门、工会和检察院。

（1）特别重大事故、重大事故逐级上报至国务院安全生产监督管理部门和负有安全生产监督管理职责的有关部门。

（2）较大事故逐级上报至省、自治区、直辖市人民政府安全生产监督管理部门生产监督管理职责的有关部门。

（3）一般事故上报至设区的市级人民政府安全生产监督管理部门和负有安全生产监督管理职责的有关部门。

安全生产监督管理部门和负有安全生产监督管理职责的有关部门依照前款规定上报事故情况，应当同时报告本级人民政府。国务院安全生产监督管理部门和负有安全生产监督管理职责的有关部门以及省级人民政府接到发生特别重大事故、重大事故的报告后，应当立即报告国务院。必要时，安全生产监督管理部门和负有安全生产监督管理职责的有关部门可以越级上报事故情况。

第十一条 安全生产监督管理部门和负有安全生产监督管理职责的有关部门逐级上报事故情况，每级上报的时间不得超过 2h。

第十二条 报告事故应当包括下列内容。

（1）事故发生单位概况。

（2）事故发生的时间、地点以及事故现场情况。

（3）事故的简要经过；造成或者可能造成的伤亡人数（包括下落不明的人数）和初步估计的直接经济损失。

（4）已经采取的措施。

（5）其他应当报告的情况。

4. 职业病的处理

（1）职业病报告。地方各级卫生行政部门指定相应的职业病防治机构或卫生防疫机构负责职业病统计和报告工作。职业病报告实行以地方为主，逐级上报的办法。中小企业单位发生的职业病，都应按规定要求向当地卫生监督机构报告，由卫生监督机构统一汇总上报。

（2）职业病处理。

1）职工被确诊患有职业病后，其所在单位应根据职业病诊断机构的意见，安排其医治或疗养。

2）在医治或疗养后被确认不宜继续从事原有害作业或工作的，应自确认之日起的两个月内将其调离原工作岗位，另行安排工作；对于因工作需要暂不能调离生产、工作岗位的技术骨干，调离期限最长不得超过半年。

3) 患有职业病的职工变动工作单位时，其职业病待遇应由原单位负责或由两个单位协商处理，双方商妥后方可办理调转手续，并将其健康档案、职业病诊断证明及职业病处理情况等材料全部移交新单位。调出、调入单位都应将情况报各所在地的劳动卫生职业病防治机构备案。

4) 职工到新单位后，新发现的职业病不论与现工作有无关系，其职业病待遇由新单位负责。劳动合同制工人、临时工终止或解除劳动合同后，在失业期间新发现的职业病与上一个劳动合同期有关的，其职业病待遇由原终止或解除劳动合同的单位负责；如原单位与其他单位合并，由合并后的单位负责；如原单位已撤销，由原单位的上级主管机关负责。

5. 伤亡事故处理程序

生产场所发生伤亡事故后，负伤人员或最先发现事故的人应立即报告项目领导。项目安技人员根据事故的严重程度及现场情况立即上报上级业务系统，并及时填写伤亡事故表。上报企业发生重伤和重大伤亡事故，必须立即将事故概况（含伤亡人数，发生事故的时间、地点原因等）用最快的办法分别报告企业主管部门、行业安全管理部门和当地劳动部门、公安部门、检察院及工会。发生重大伤亡事故，各有关部门接到报告后应上门处理。

具体处理程序如下。

（1）迅速抢救伤员、保护事故现场。

（2）组织调查组。

（3）现场勘察。①作好笔录；②实物拍照；③现场绘图。

（4）分析事故原因、确定事故性质。

（5）写出事故调查报告。

（6）事故的审理和结案

6. 伤亡事故的处理

（1）确定事故性质与责任。

1) 直接责任者。是指在事故发生中有直接因果关系的人。比如，安装电器线路，电工把零线与火线接反，造成他人触电身亡，则电工便是直接责任者。

2) 主要责任者。是指在事故发生中处于主要地位和起主要作用的人。比如，某一工人违章从外脚爬下时，立体封闭的安全网系绳脱扣，将其摔下致伤，因此绑扎此处安全网的架子工便自然成了主要责任者。

3) 重要责任者。是指在事故责任者中，负一定责任、起一定作用，但不起主要作用的人。

4) 领导责任者。是指忽视安全生产，管理混乱，规章制度不健全，违章指挥，冒险蛮干，对工人不认真进行安全教育，不认真消除事故隐患；或者发生事故以后仍不采取有力措施，致使同类事故重复发生的单位领导。

(2) 严肃处理事故责任者。对造成事故的责任者，要进行教育，使其认识到凡违反规章制度，不服管理或强令工作违章冒险作业，因而发生重大伤亡事故的行为，就是犯法行为，就触犯了《中华人民共和国劳动法》《中华人民共和国刑法》，要受到法律制裁，情节较轻的也要受到党纪和行政处罚。

(3) 稳定队伍情绪，妥善处理善后工作。

(4) 认真落实防范措施。

7. 职业卫生应急救援

(1) 基本要求。

1) 企业应将职业卫生应急救援纳入企业日常管理体系。

2) 职业卫生应急救援应以预防为主、统一部署、快速反应、协同配合为原则。

3) 存在职业病危害的单位应编制适合本单位的职业卫生应急预案，并定期组织开展应急演练。

(2) 应急事件类型。国家电网公司职业卫生应急事件主要有有限空间作业防护不当导致的缺氧窒息、急性中毒、异常天野外作业导致中暑、六氟化硫（SF_6）分解泄漏导致的急性中毒、焊接作业防护不当导致的眼或皮肤灼伤、潜水作业减压不当等。

(3) 应急救援措施范例。

1) 当发生受限空间作业人员窒息或中毒症状时，救援人员应及时组织营救，并上报有关部门；救援人员在救援过程中应穿戴好防护用品；发现受限空间受伤作业人员后，用安全带系好被抢救者两腿根部及上体，妥善提升使伤者脱离危险区域；救援过程中，受限空间内救援人员应保持与外界通信联络顺畅；受伤作业人员救出后，应对其进行现场急救，并及时转送医院。

2) 夏季高温季节野外作业或室内高温作业场所作业引起中暑时，应迅速将中暑者移至通风良好的清凉处安静休息，给予含盐清凉饮料，重症者及时送至医疗机构救治。

3) 当发生有毒气体中毒时，救援人员应佩戴有效防护用品并尽快将中毒人员移至上风口且通风良好区域，脱去接触有毒空气的衣服，用清水洗净暴露部位，并注意保暖，使其呼吸新鲜空气，保持安静，等待救援。

4) 当作业人员大量吸入六氟化硫（SF_6）分解气体并引发中毒症状时，应将中毒者迅速移至空气新鲜处，及时通知医疗救援机构并上报有关部门。

5) 焊接作业过程中，由于采取的防护措施不当导致电焊弧光直接作用于作业者眼部，造成眩晕、急性视力损害时，应迅速将受危害人员脱离工作场所，快速送至医疗机构救治。

6) 潜水员在水下减压过程中发生了急性减压病，应立即在发生减压病的深度下潜3m，并根据其下潜后的症状处置。潜水员减压完毕后应保持医学观察2h，在此期间如有减压病的症状出现，应立即对其实施加压治疗。

7) 由于寒冷潮湿所引起人体局部或全身冻伤时，轻度者可用温水（38～42℃）浸泡患处，浸泡后用毛巾或柔软的干部进行局部按摩，不应用火烤和用雪水摩擦。严重者应移至环境温暖处，盖以棉被或毛毯，迅速恢复体温，必要时前往医疗机构救治。

三、职业健康安全事故预防

1. 职业健康培训

(1) 基本要求。

1) 企业主要负责人、职业卫生管理人员、项目负责人、接触职业危害因素的作业人员应接受职业卫生培训。

2) 接触职业危害因素作业人员上岗前应接受职业卫生培训，经考试合格后方可上岗。

3) 各单位应开展多种形式的职业卫生培训活动，对单位领导和各级管理人员的培训教育每年1次；对生产岗位作业人员的培训结合车间班组安全教育活动每季度1次。

4) 教育情况记入职业卫生教育培训记录，记录内容包括：教育培训计划、教育培训组织部门、时间、地点、内容、授课教师、考核成绩、学员签字等。相关培训内容，如培训课件、影像资料等应归入培训档案。

(2) 培训内容。

1) 职业卫生相关法律、法规的认识和理解，企业与劳动者的权利与义务。

2) 生产工艺中存在或产生的职业危害因素的名称、种类、理化性质，对人体的主要危害特点、相应的临床症状及防护原则等。

3) 职业危害因素的职业接触限值。

4) 各项职业卫生工程防护设施的原理、操作规程及维护保养方法。

5)个人防护用品的防护性能及正确使用、保养方法。

6)应急救援基本常识,现场配备的各种急救设施的正确使用,紧急情况下自救和互救的方法。

7)"职业心理健康"教育,避免由于心理及精神上存在的畏惧紧张因素引起的职业性紧张。

8)采用新技术、新工艺、新设备,改变原来材料,工艺流程及相配套的防护设施时,培训内容也应随之更新和补充。

2. 制度管理

(1)用人单位负责制。我国工伤事故的预防控制方针是安全第一、预防为主,工作体制为用人单位负责、政府监察、行业管理、群众监督。其中,用人单位负责是工伤事故预防策略中最为重要的一环,只有真正落实用人单位负责制,才能真正落实工伤事故的预防控制措施。用人单位负责制包括行政、技术和组织责任。

1)行政责任。指用人单位的法人代表为工伤事故预防的第一责任人,生产管理各级领导和职能部门负相应行政责任,倡导安全生产,人人有责。

2)技术责任。指安全设施的三同时,即安全设施与生产设施同时设计,同时施工,同时投产。

3)组织责任。指在安全人员配备、组织机构设置、经费预算落实等方面需在组织上落实,实行五同时原则,即用人单位在计划、布置、检查、总结、评比生产的同时,要同时考虑安全问题,做到生产与安全的统一。

(2)健康促进。采用工作场所健康促进项目,使工作场所的工伤事故得到有效控制。如通过岗位培训和职业教育加强工人的预防工伤事故能力;通过投资改善不合理的生产环境;明确用人单位和职工在工伤事故预防中的责任;由用人单位和职工共同讨论建立一个安全的工作环境等。

3. 职业健康安全事故预防措施

为了便于掌握和切实达到预防事故和减少事故损失,应采取相应的安全技术措施。如下所述是预防安全事故的几条最基本的措施,每个施工项目还应根据工程的特点,拟定切合实际的预防安全事故的具体措施,总的目标是综合推进减少"四大伤害"。

(1)改进生产工艺,实现机械化和自动化。随着科学技术的发展,现场检修工作应不断改进生产工艺,加快了实现机械化、自动化的过程,提高安全技术水平,大大减轻了工人的劳动强度,保证了职工的安全和健康。比如,机组盘车装置，不但保证了工程质量，还减轻了工人劳动强度，保护了施工人的安全。因此，在编制施工组织设计时，应尽量优先考虑采用新工艺、机械化、自动化的生产手段，为安全生产、预防事故创造条件。

（2）设置安全装置。包括防护装置、保险装置、信号装置及危险警示标志。

1）防护装置。就是用屏护方法与手段把人体与生产活动中出现的危险部位隔离开来的设施和设备。施工活动中设备应该有严密的安全防护装置，但检修中可能造成无防护或缺少、遗失防护的现象。因此，应随时检查增补，做到防护严密。在机械设备上做到轮有罩、轴有套，使其转动部分与人体绝对隔离开来；在施工用电中，要做到"四级"保险；遗留在施工现场的危险因素，要有隔离措施，如高压线路的隔离防护设施等。项目经理和管理人员应经常检查并教育施工人员正确使用安全装置并严加保护，不得随意破坏、拆卸和废弃。

2）保险装置。是指机械设备，也可以说其是保障设施设备和人身安全的装置，如压力容器的安全阀，供电设施的触电保护器，各种提升设备的断绳保险器等。

3）信号装置。是指利用人的视觉、听觉反应原理制造的装置。它应用信号指示或警告工人该做什么、该躲避什么。信号装置本身不具有排除危险的功能，它仅是提示工人注意，遇到不安全状况立即采取有效措施脱离危险区或采取预防措施。比如，指挥起重工的红如压力表、水位表、温度灯；音响信号，如塔吊上的电铃、指挥吹的口即计等。

4）危险警示标志。这是警示工人进入施工现场应注意或必须做到的统一措施。通常其以简短的文字或明确的图形符号予以显示。各类图形通常配以红、蓝、黄和绿颜色。红色表示禁止；黄色表示警告；绿色表示安全。国家发布的安全标志对保持安全生产起到了促进作用，必须按标准予以实施。

（3）预防性的机械强度试验和电气绝缘检验。

1）预防性的机械强度试验。施工现场的机械设备，特别是自行设计组装的临时设施和满足设计和使用功能时方可投入正常各种材料、构件、部件均应进行机械强度试验。必须在满足设计和使用功能时方可投入正常使用。有些还须定期或不定期地进行试验，如施工用的钢用的钢丝绳、钢材、钢筋、机件及自行设计的吊篮架、外挂架子等，在使用前必须做承载试验。这种试验是确保施工安全的有效措施。

2）电气绝缘检验。电气设备的绝缘可靠与否，不仅是电业人员的安全问题，也关系到整个施工现场设备、人员的安危。由于施工现场多工种联合作业，使用电气设备的工种不断增多，更应重视电气绝缘问题。

（4）机械设备的维修保养和有计划地检修。随着施工机械化的发展，各种先进的大、中、小型机械设备进入工地，但由于建筑施工要经常变化施工地点和条件，机械设备不得不经常拆卸、安装。就机械设备本身而言，各零部件也会产生自然和人为的磨损，如果不及时地发现和处理，就会导致事故发生，轻者影响生产，重者将会机毁人亡，给企业乃至社会造成无法弥补的损失。因此，要保持设备的良好状态，提高其使用期限和效率。要有效地预防事故，就必须进行经常性的维修保养。

（5）文明施工。实践证明，一个施工现场如果做到整体规划有序、平面布置合理、临时设施整洁划一，原材料、构配件堆码整齐，各种防护齐全有效，各种标志醒目，施工生产管理人员遵章守纪，那这个一定会获得较大的经济效益、社会效益和环境效益；反之，将会造成不良的影响。因此，文明施工也是预防安全事故、提高企业素质的综合手段。

（6）合理使用劳动保护用品。要适时地供应劳动保护用品，这是在施工生产过程中预防事、保护工人安全和健康的一种辅助手段，它虽不是主要手段，但在一定的地点、时间条件下却能起到不可估量的作用。

（7）强化民主管理、认真执行操作规程、普及安全技术知识教育。

1）随着改革开放，大量农村富余劳动力以各种形式进入了施工现场，从事不熟悉的工作，他们十分缺乏相关施工安全知识，因此，绝大多数事故发生在这些人身上。这是当前以及将来预防事故的一个重要方面。

2）随着国家法治建设的不断加强，建筑企业施工的法律留的法律、规程、标准已大量出台。只要认真地贯彻安全技术操作规程，并不断补充完善其实施细细则，建筑业落实"安全第一，预防为主"的方针就会实现，伤亡事故也会减少。

4. 安全技术对策

（1）消除危险。要从系统中彻底排除某种危险因素，保证系统的安全性能，一般可通过改革工艺等手段来实现。

（2）降低危险因素。采用这一对策虽然可以提高系统的安全水平，但不能从根本上消除危害因素，只是在一定程度上减轻对作业人员的危害。

（3）引导危险因素。把某些危险因素引导到作业环境以外，避免对作业人员和设备等造成危害。

（4）坚固防护。以安全为目的，提高设备、建（构）筑物、器具等的结构强度，以保证在规定的使用范围内有足够的安全性能，也就是通常所说的留有足够的安全系数。

（5）薄弱环节。与坚固防护相反，这一对策是利用某些弱元件，在系统中人为地设置薄弱环节。当设备、设施的负荷超过额定限度，或系统中有爆炸、火灾等危险时，使危险因素的发展在薄弱环节被切断，从而保护系统的整体安全。

（6）闭锁。以系统中的某种方式（机械、电气）保证某些元件强制发生相互制约，以达到安全目的。

（7）取代操作。当系统中某种危险因素无法消除而又必须在这种条件下操作时，为保证人员的安全健康，可采用自动化手段代替操作人员直接接触危险因素。

（8）距离防护。系统中危险或有害因素的作用往往与距离有关，有的因素随距离的增大而成倍减弱，利用这一性质可进行有效防护。

（9）时间防护。缩短作业人员接触有害因素的实际时间，从而达到防护的目的。

（10）刺激感官。在某些特殊的地点、场合，利用声、光、色、形等信息、信号、标志、仪表刺激人的感官，提醒人们注意，保障安全生产。

四、水电检修现场常用防护措施

1. 粉尘防护

（1）凡产生粉尘的作业场所，应加强通风采取除尘措施、冲洗等使粉尘浓度降低。配备足够的防尘口罩供作业人员作业时使用。

（2）凿岩应采用湿式作业，如干式作业应采用有捕尘的设施。

（3）水泥运输、装卸应积极推广散装水泥。袋装水泥装卸，作业人员应戴防尘口罩，正确使用防护用品。

（4）压力钢管除锈应安装滤尘器，将粉尘吸入袋内，还应采取隔声、减振措施。作业人员应戴防尘口罩、护目镜，正确使用防护用品。

（5）凡是接触粉尘及从事粉尘作业的人员，应经过体检合格，并建立健康档案，定期进行体检和职业病的普查（一年）。

（6）有职业病的作业人员，在采取治疗措施的同时，应调离原工作岗位。

（7）不在被粉尘污染的作业面内用餐、抽烟。员工饮水供应点不能设在作业面内，应远离扬尘范围之外。

2. 污水排放设施

（1）应建立生产和生活污水处理设备设施，生产和生活废水未经处理达标，不得直接排放。

（2）砂石料系统废水应排放至沉淀池并回收再循环使用，控制废水排放总量。沉淀池宜布置 2～3 级，有足够的容积，地基应稳固，边缘应有防护栏杆，沟道排水要畅通。

（3）沉淀池和排水沟应定期清除淤积。

（4）沉淀池的排水沟、管出口布设，应避开围堰坝基，防止长期浸透、冲刷破坏。

（5）生活污水宜采用集中处理措施，施工现场各单位的排放至污水处理站，经过处理达标后排放。施工营区分散时，应分别布设小型污水处理装置。污水处理站和小型污水处理装置日处理能力根据相应生活区的高峰施工人员数确定。

3. 油污处理设施

（1）油料存放点应浇注混凝土地坪，地面油污应及时清理。机修场应设置排油槽和集油池，排油槽和集油池应有防渗油措施。集油池应定期清理，油污垃圾应集中处理。

（2）机修作业场所和临时油料存放点的建立，应离河道 30m 外，离取水点周围半径 10m 外，防止水污染。

（3）机修作业时使用油料清洗工件，工件下部应用油盆接漏。工作结束后废油不得随意乱倒乱丢，按油料分类倒入废油桶内，油棉纱（布）不得随意乱丢，应集中处理。

（4）用油料清洗时不准抽烟，不准有明火，不准电（气）焊。在密闭容器内或通风条件不好的场所进行清洗作业时，严禁采用汽油作为清洗剂。

（5）清洗后的工件，应放在油盆内，防止油污染地面。

（6）机修作业场所和临时油料存放点，应配置一定数量的消防器材和黄沙。油料存放点应有油料标签、安全警示牌。

4. 噪声、振动的安全防护

（1）控制和消除噪声源。进入高噪声区域，应进行提前告知，入口处设置告知牌及警示标志。革新工艺过程和生产设备，使噪声源尽可能远离工人作业区和居民区。

（2）控制噪声的传播。采用吸声材料、吸声结构和吸声装置将噪声源封闭，防止噪声传播、消声；采用吸声材料，吸取辐射和反射的声能，降低传播中的噪声强度。合理规划厂区、厂房。作业场所周围应设置绿化防护带。常用的有隔声墙、隔声地板、门窗等。

（3）采用合理的防护措施。合理使用防声耳塞，耳塞具有一定的防声效果（防声效果可达 30~40dB）。合理调整工时，限制作业时间。

（4）接触噪声的作业人员应进行定期体检（听力检查为主）。对听力下降的重症者应调离作业岗位。

（5）重视振动治理工作，从工艺改革和设备改造着手，控制振动的危害。

（6）采取隔振措施。振源与需要防振的设备之间，安装具有弹性性能的隔振装置。或采取新工艺取代老工艺，如碳弧气刨代替风铲。

（7）对振动工具的质量、频率和振幅等进行必要的限制，或间歇地使用振动工具。

（8）做好个人防护工作。风钻工应使用防振手套、泡沫塑料手套。冬季施工应发放防振保暖手套、防寒服装。

5. 化学危险品的安全防护

（1）遵守操作规程，正确使用个人防护用品。作业场所及库房内应加强通风，保持空气清洁。

（2）对化学品（含化学成分）材料的原包装和现场使用存放的容器要安全可靠，应控制泄漏、遗洒。

（3）施工现场和生活、办公区域不得焚烧化学品（含化学成分）材料，以防产生有毒、有害烟尘污染环境。

（4）两种及以上能相互发生反应和抵触的化学品（含化学成分）材料时，不得同地、同车装卸运输。装卸、搬运工具尽量使用机械。

（5）应分类、分堆储存，有标签、名称。仓库应有危险性和预防措施的规章制度。

（6）严禁与无机氧化剂同库存放。不得与硫酸、硝酸等强酸同库存放。苯类与醇类不能同处存放。相互接触能引起燃烧、爆炸或灭火方法不同的物品不能同处存放。

（7）剧毒物品应专库存放，指定专人保管。

（8）禁止有毒、有害废弃物用土方回填，以免污染环境和水源。

（9）现场使用化学品（含化学成分）材料时，不准抽烟，不准有火种。

第三节　安全文明施工管理

一、文明施工与环境保护的概念

1. 文明施工与环境保护的概念

（1）文明施工是保持施工现场良好的作业环境、卫生环境和工作秩序。文明施工主要包括以下几个方面的工作。

1）规范施工现场的场容，保持作业环境的整洁卫生。

2）科学组织施工，使生产有序进行。

3）减少施工对周围运行设备和环境的影响。

4）保证职工的安全和身体健康。

（2）环境保护是按照法律法规、各级主管部门和企业的要求，保护和改善作业现场的环境，控制现场的各种粉尘、废水、废气、固体废弃物、噪声、振动等对环境的污染和危害。环境保护也是文明施工的重要内容之一。

2. 文明施工的意义

（1）文明施工能促进企业综合管理水平的提高，保持良好的作业环境和秩序，对促进安全生产、加快施工进度、保证工程质量、降低工程成本、提高经济和社会效益有较大作用。文明施工涉及人力、财力、物力各个方面，贯穿于施工全过程之中，体现了企业在工程项目施工现场的综合管理水平。

（2）文明施工是适应现代化施工的客观要求。现代化施工更需要采用先进的技术、工艺、材料、设备和科学的施工方案，需要严密组织、严格要求、标准化管理和较好的职工素质等。文明施工能适应现代化施工的要求，是实现优质、高效、低耗、安全、清洁和卫生的有效手段。

（3）文明施工代表企业的形象。良好的施工环境与施工秩序，可以得到社会的支持和信赖，提高企业的知名度和市场竞争力。

（4）文明施工有利于员工的身心健康，有利于培养和提高施工队伍的整体素质。文明施工可以提高职工队伍的文化、技术和思想素质，培养尊重科学、遵守纪律、团结协作的大生产意识，促进企业精神文明建设，还可以促进施工队伍整体素质的提高。

【例 5-1】　××公司文明施工管理规定

（1）贯彻"以人为本、生命至上"的理念，通过推行安全文明施工标准化工作，努力做到：安全管理制度化、安全设施标准化、现场布置条理化、机料摆放定置化、作业行为规范化、环境影响最小化,营造安全文明施工的良好氛围,创造良好的安全施工环境和作业条件。

(2) 公司应保证安全文明施工所需资金的投入,按规定使用安全生产费用和安全文明施工措施补助费,专款专用,配置满足现场安全文明施工需要的设施。

(3) 工程项目开工前,项目部应对工程进行现场踏勘,初步确定安全标化总平布置,并根据建设管理单位《安全文明施工总体策划》等要求上报需配送的安全文明标准化设施清单,由监理、业主项目部审核批准,最后由建设管理单位委托公司对安全文明标准化设施进行集中配送。

(4) 配送设施到达施工现场后,项目部参加业主项目部组织的安全文明标准化设施质量、现场布置等情况的评价验收。

(5) 工作人员胸卡是表明人员身份的证件。所有现场人员均应佩戴胸卡,临时进入现场的参观、检查等人员需要佩带临时出入证。

二、文明施工的组织与管理

1. 现场检修安全文明施工职责分工

(1) 施工项目部职责。

1) 编制有针对性的工程项目安全文明施工实施细则,提交监理审核,经业主项目部同意后实施。

2) 按规定配备合格的专(兼)职安全管理人员。

3) 建立健全安全文明施工的各项规章制度和操作规程。

4) 开展危险点辨识及预控活动,编制有针对性的安全技术措施(方案),并确保措施(方案)的有效实施。

5) 按规定组织安全文明施工检查、开展工程项目安全健康环境自评价工作,规范项目安全文明施工管理。

6) 对施工管理人员和施工作业人员按规定进行安全教育培训,特种作业人员须持证上岗。

7) 向施工作业人员提供合格的劳动保护及安全防护用品(用具),并监督其正确使用。

8) 严格工程专业分包、劳务分包及劳务用工(临时用工)的安全管理,并按相关规定进行管理。

9) 遵守环境保护的法律、法规,倡导绿色施工,减少施工对环境的影响和污染。

10）为施工现场从事危险作业的人员办理意外伤害保险。

（2）工程技术部门职责。

1）贯彻落实本办法，监督、检查、评价、考核参建单位工程安全文明施工标准化管理工作。

2）组织开展安全文明施工标准化教育培训和学习交流，组织研发和推广应用新型、适用的安全文明施工设施。

3）监督所属施工单位落实安全文明施工标准化设施统一配送工作。

2. 文明施工的组织与管理

（1）组织和制度管理。

1）施工现场应成立以项目经理为第一责任人的文明施工管理组织。分包单位应服从总包单位的文明施工管理组织的统一管理，并接受监督检查。

2）各项施工现场管理制度应有文明施工的规定，包括个人岗位责任制、经济责任制、安全检查制度、持证上岗制度、奖惩制度、竞赛制度和各项专业管理制度等。

3）加强和落实现场文明检查、考核及奖惩管理，以促进施工文明管理的提高。检查范围和内容应全面周到，包括生产区、生活区、场容场貌、环境文明及制度落实等内容。检查发现的问题应采取整改措施。

（2）现场文明施工的基本要求。

1）施工现场必须设置明显的标牌，标明工程项目名称、建设单位、设计单位、施工单位、项目经理和施工现场总代表人的姓名，开、竣工日期，施工许可证批准文号等。施工单位负责施工现场标牌的保护工作。

2）施工现场的管理人员在施工现场应当佩戴证明其身份的证卡。

3）应当按照施工总平面布置图设置各项临时设施。现场堆放的大宗材料、成品、半成品和机具设备不得侵占场内道路及安全防护等设施。

4）施工现场的用电线路、用电设施的安装和使用必须符合安装规范和安全操作规程，并按照施工组织设计进行架设，严禁任意拉线接电。施工现场必须设有保证施工安全要求的夜间照明；危险潮湿场所的照明以及手持照明灯具必须采用符合安全要求的电压。

5）施工机械应当按照施工总平面布置图规定的位置和线路设置，不得任意侵占场内道路。施工机械进场须经过安全检查，经检查合格的方能使用。施工机械操作人员必须建立组织责任制，并依照有关规定持证上岗，禁止无证人员操作。

6）应保证施工现场道路畅通，排水系统处于良好的使用状态；保持场容场貌的整洁，随时清理建筑垃圾。在车辆、行人通行的地方施工，应当设置施工标志，并对沟坎、洞穴进行覆盖。

7）施工现场的各种安全设施和劳动保护器具，必须定期进行检查和维护，及时消除隐患，保证其安全有效。

8）施工现场应当设置各类必要的职工生活设施，并符合卫生、通风、照明等要求。

9）应当做好施工现场安全保卫工作，采取必要的防盗措施，在现场周边设立围护设施。

10）应当严格依照《中华人民共和国消防条例》的规定，在施工现场建立和执行防火管理制度，设置符合消防要求的消防设施，并保持完好的备用状态。在容易发生火灾的地区施工或者储存、使用易燃、易爆器材时，应当采取特殊的消防安全措施。

11）施工现场发生工程建设重大事故的处理，依照《工程建设重大事故报告和调查程序规定》执行。

3. 施工现场 5S 管理

施工现场管理措施是根据项目的具体情况所采取的管理方法。施工现场管理措施主要有开展 5S 活动、合理定置和目视管理。

5S 活动是指对施工现场各生产要素所处状态不断地进行整理、整顿、清扫、清洁和素养。5S 活动是符合现代化大生产特点的一种科学的管理方法，是提高现场管理效果的一项有效措施和手段。开展 5S 活动，要特别注意调动项目全体人员的积极性。在项目全过程，始终要做到自觉管理、自我实施和自我控制。

【例 5-2】 ××公司水电检修现场安全文明施工规定

（1）视觉形象。通过施工总平面布置及规范建筑物、装置型设施、安全设施、标志、标志牌等式样和标准，以达到现场视觉形象统一、整洁、美观的整体效果。

（2）模块化管理。现场施工总平面应按实际功能划分为各个功能模块，一般分为办公区、生活区、施工区、材料堆放区、设备材料堆放区等。各模块区主要由现场围墙、环形混凝土道路、铁艺栏杆、木栅栏、钢管栏杆等分隔而成。

（3）施工区域化管理。施工现场实行安全文明施工责任区域化管理。按作业内容或施工区域，由绝缘网、围栏（或提示遮栏）等对作业场地进行围护、隔离、封闭，并设置安全标志、标志，明确安全责任人。

（4）定置化管理。规划、绘制施工平面定置图，实现机料堆放的固定、有序。

4. 装置型设施

（1）宣传告示类。含宣传栏、标语、彩旗灯箱等。

（2）区域围护类。含安全围栏、网板、提示遮栏等。

（3）标志类。含设备、材料、物品、场地标志、规程、规范、岗位职责、图表等。

（4）大型标志牌。项目部应在办公区或施工区设置"四牌一图"，即工程项目概况牌、工程项目管理目标牌、工程项目建设管理责任牌、安全文明施工纪律牌及施工总平面布置图，也可增设单位简介、工程鸟瞰图等内容。大型标志牌一般设置在新建变电站（站）大门外或项目部适宜地点，框架应为钢结构，整体结构稳定。

（5）危险点控制标志牌。用于各施工区域项目的危险点控制。项目部应当在施工现场入口处、施工起重机械、临时用电设施、脚手架、出入通道口、楼梯口、电梯井口、孔洞口、基坑边沿、爆破物及有害危险气体和液体存放处等危险部位，设置明显的安全警示标志。

（6）现场所有的标志、标志牌、宣传牌埋设、悬挂、摆设要做到安全、稳固、可靠，做到规范、标准。

5. 作业现场设备材料堆放

（1）设备材料堆放场地应坚实、平整、地面无积水。

（2）施工机具、材料应分类放置整齐，并做到标志规范、铺垫隔离。

（3）电缆、导线等应按定置化要求集中放置，整齐有序，标志清楚。

三、安全文明施工设施现场总体规划

1. 安全文明施工设施布置规划

（1）工程现场安全文明施工设施布置应依据施工总平面布置，编制工程安全文明施工标准化建设规划，规范装置型设施、宣传栏、标志牌等的式样和标准，以达到视觉形象统一、整洁、美观的整体效果。

（2）各标段开工前，完成本标段工程安全文明施工标准化建设实施方案，绘制安全文明施工设施平面布置图并结合责任区划分，用安全围栏、围墙进行分隔、封闭和定置标志。

（3）各标段应根据安全文明施工设施平面布置图，实行安全设施定置化管

理，配置规范的施工公告牌、安全警示牌、现场标志牌、风险管控牌等；现场责任区应划分明确、标志清楚、安全警示醒目、场区规范有序。

（4）场区内的各类施工临时建筑物，应按照统一标准修建和套色。

（5）进入现场的机械设备、工器具、工具房等，应经过整修、涂漆并统一色标标志，确保完好、整洁。机械设备安全操作规程牌悬挂应醒目、规范。中、小型机具应保持清洁，表面油漆完好，并悬挂醒目、规范的操作规程标牌。中、小型机具在现场露天使用时，应有牢固且标准适用的防雨设施。

（6）工具房、集装箱在现场应集中排放、布置美观，并统一色标标志。

（7）安全文明设施均应按统一标准制作，并采用美观规范的标牌与喷绘文字。其无论是悬挂还是落地摆放，悬挂和摆设装置需牢固、规范。

2. 区域围护管理

（1）项目单位和承包商办公区、生活区、仓库、堆物场应实行区域围护、封闭管理。办公区、生活区宜采用砖砌围墙和铁艺栏杆组合围护，仓库、堆物场等宜采用砖砌围墙围护，围墙高均为2m。

（2）施工现场应进行封闭管理。

3. 道路、沟道与交通管理

（1）施工单位根据施工需要修筑的临时道路应采取措施，保持路面坚实、平整。

（2）场内施工道路及两侧排水沟道根据责任区域划分，明确责任单位实行分区段管理，确保整个场内施工道路排水畅通。

（3）场内投入使用的施工道路入口、交叉路口、转弯路段、陡坡路段等危险地段，由施工承包单位设置路标、交通标志、限速标志和区域警戒标志等，规定停车区域，并设置停车标志，各施工车辆应按规定行驶。

4. 其他规定

（1）重要设备、危险区域应采用安全围栏隔离。

（2）危险品应按规定设置专用库房，集中存放，专人管理。

（3）施工现场各区域应按规定配备足够、合格有效的消防器材，实行定置管理，并保证消防通道畅通。

四、安全文明施工安全标志

1. 一般规定

（1）安全标志包括禁止标志、警告标志、指令标志、提示标志4种基本类型和交通标志、消防标志、应急安全标志、文字说明标志等特定类型。

（2）安全标志所用的颜色、图形符号、几何形状、文字，标志牌的材质、表面质量、衬边及型号选用、设置高度、使用要求应符合《安全标志及其使用导则》（GB 2894—2008）、《消防安全标志 第 1 部分：标志》（GB 13495.1—2015）及《电力设备典型消防规程》（DL 5027—2015）的规定。

2. 禁止标志

（1）禁止标志牌的基本型式是一长方形衬底牌，上方是禁止标志（带斜杠的圆边框），下方是文字辅助标志（矩形边框）。图形上、中、下间隙，左、右间隙相等。

（2）禁止标志牌长方形衬底色为白色，带斜杠的圆边框为红色，标志符号为黑色，文字辅助标志为红底白字、黑体字，字号根据标志牌尺寸、字数调整。

（3）可根据现场情况分别采用甲、乙、丙、丁 4 种规格。

五、现场检修安全设施配置规范

水电站现场检修常用安全防护设施配置规范、常用禁止标志及设置规范、常用警告标志及设置规范、常用指令标志及设置规范、常用提示标志及设置规范分别见表 5-7～表 5-11。

表 5-7　　　　　　　　　常用安全防护设施配置规范

序号	图形符号	名称及类别	配置规范	备注
1	红色 施工单位人员使用　黄色 运行人员使用　蓝色 设计、监理人员使用　白色 甲方和参观人员使用	安全帽 安全防护	安全帽用于人员头部防护，任何人进入生产现场（办公室、控制室、值班室和检修班组室除外），均应正确佩戴安全帽	红色安全帽为施工单位人员使用；黄色安全帽为运行人员使用；蓝色安全帽为检修（施工、试验等）人员使用；白色安全帽为外来参观人员使用
2		安全带 安全防护	从事高处作业的施工人员使用	

续表

序号	图形符号	名称及类别	配置规范	备注
3		护耳器、耳塞安全防护	从事噪声超标工作的人员使用，如风钻、碎石系统操作人员	
4		反光背心安全防护	地下洞室、夜间施工作业人员	
5		防尘眼镜安全防护	在粉尘超标的作业环境下使用	
6		防尘口罩、面罩安全防护	在粉尘超标的作业环境下使用	
7		绝缘手套安全防护	高压带电作业使用	

第五章 职业健康与环境管理

续表

序号	图形符号	名称及类别	配置规范	备注
8		高压绝缘鞋 安全防护	高压带电操作	
9		低压绝缘鞋 安全防护	低压电气维护人员使用	
10		高空防坠器 安全防护	在无可靠的防坠落措施环境下进行高处作业时使用	
11		特殊作业安全带 安全防护	在 30m 以上的高处作业或无作业平台极易发生高处坠落等情况下使用	

155

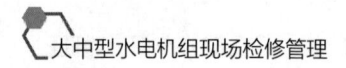

表 5-8　　　　　　　　　　常用禁止标志及设置规范

序号	图形符号	安全标志名称及类别	配置规范	备注
1	禁止烟火	禁止烟火	透平油罐区域；油库、火工品仓库大门旁和有人出入通道口旁以及四周围墙外壁上；蓄电池室门上；储存易燃、易爆物品仓库门口；控制室、保护仪表盘室等门口和室内；电缆夹层、电缆隧道、竖井等入口处；主机房、计算机房、档案室处	设置此标志后可不设"禁止吸烟"标志
2	禁止抛物	禁止抛物	交叉作业场所及抛物易伤人的地点，如高处作业现场、深沟（坑）等	
3	禁止带火种	禁止带火种	储存易燃易爆物品仓库入口处；标志牌底边距地面高 1.5m	设置此标志后可不设"禁止烟火"和"禁止吸烟"标志

第五章　职业健康与环境管理

续表

序号	图形符号	安全标志名称及类别	配置规范	备注
4	禁止攀登 高压危险	禁止攀登 高压危险	高压配电装置构架的爬梯上；主变压器、高压设备用变压器；高压厂用变压器和电抗器等设备爬梯上；架空电力线路杆塔的爬梯上和配电变压器的杆架或台架上；标志牌的底边距地面高 1.5～3.0m	
5	禁止合闸 有人工作	禁止合闸 有人工作	一经合闸即可送电到已停电检修（施工）设备的断路器和隔离开关的操作把手上；控制室已停电检修（施工）设备的电源关或合闸按钮上；控制屏上的标志牌可根据实际需要制作，可以只有文字，没有图形	
6	禁止启动	禁止启动	检修现场转动机械的开关处	临时设置

157

续表

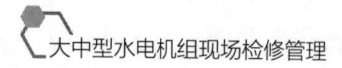

序号	图形符号	安全标志名称及类别	配置规范	备注
7		禁止操作 有人工作	一经操作即可送压、建压或使设备转动的隔离设备的操作把手、控制按钮、启动按钮	
8		禁止跨越	输送皮带、缆绳、热力管道、深坑等危险场所，面向行人设置	
9		禁止乘人	专用载货的升降吊笼、送料小车、升降机和入口门旁	

第五章　职业健康与环境管理

续表

序号	图形符号	安全标志名称及类别	配置规范	备注
10	禁止吸烟	禁止吸烟	除已有禁止烟火标志外的火灾危险性类别在丙级以上的建筑物上,如变压器室、控制室、继电保护室;自动和远动装置室,以及其他禁止吸烟的地方	
11	禁止戴手套	禁止戴手套	车床、钻床、铣床、磨床等所有旋转机床和所有旋转机械的作业场所	
12	未经许可　不得入内	未经许可不得入内	主控、网控;计算机、通信、调度室和变电站出入口的门上	

续表

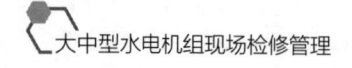

序号	图形符号	安全标志名称及类别	配置规范	备注
13	禁止游泳	禁止游泳	禁止游泳的区域，如水库、水渠、消力池出入口处	
14	禁止使用无线电通信	禁止使用无线电通信	易发生火灾、爆炸场所以及可能产生电磁干扰的场所，如：微机保护设备、高频保护室、继电保护室、自动装置室和加油站、油库以及其他需要禁止使用的地方	
15	施工现场 禁止通行	施工现场禁止通行	禁止通行的检修现场或围栏旁、入口处或可能发生意外伤害的施工现场	

表 5-9　　　　　　　　　　常用警告标志及设置规范

序号	图形符号	名称	配置规范	备注
1	止步 高压危险	止步高压危险	带电设备固定围栏上；高压危险禁止通行的过道上；室外带电设备构架上；工作地点临近带电设备的横梁上；室外带电设备固定围栏上	
2	当心触电	当心触电	变电站、出线场、配电装置室、变压器室等入口，开关柜、变压器柜、临时电源配电箱门，检修电源箱门等有可能发生触电危险的电气设备和线路处	
3	当心中毒	当心中毒	SF_6 断路器室、GIS 室等会产生有毒物质场所的入口处	

161

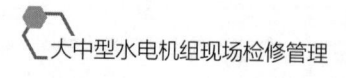

续表

序号	图形符号	名称	配置规范	备注
4	当心坑洞	当心坑洞	生产现场和通道临时开启或挖掘的孔洞四周的围栏等处	
5	当心腐蚀	当心腐蚀	存放和装卸酸、碱等腐蚀物品的场所；装有酸、碱等腐蚀物品的容器上	
6	当心坠落	当心坠落	易发生坠落事故的作业地点，如脚手架、高处平台、地面的深沟（池、槽）等处	

第五章 职业健康与环境管理

续表

序号	图形符号	名称	配置规范	备注
7	当心落物	当心落物	易发生落物危险的地点，如高处作业、地质条件不稳定的洞室及立体交叉作业的下方等处	
8	当心落水	当心落水	落水后可能产生淹溺的场所或部位，如水库、消防水池等	
9	当心车辆	当心车辆	生产场所内车、人混合行走的路段，道路的拐角处、平交路口，车辆出入较多的生产场所出入口等处	

续表

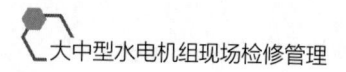

序号	图形符号	名称	配置规范	备注
10	当心辐射	当心辐射	放射源、放射源存放点和使用放射源进行金属探伤作业的现场周围	
11	当心滑跌	当心滑跌	易造成伤害的滑跌地点	
12	当心塌方	当心塌方	有塌方危险的区域，如堤坝、边坡、洞室及土方作业的深坑、深槽等处	

第五章 职业健康与环境管理

续表

序号	图形符号	名称	配置规范	备注
13	当心冒顶	当心冒顶	有冒顶危险的区域，如地下洞室顶拱，尤指经勘查存在不利地质构造且地下水丰富区域	
14	注意安全	注意安全	需要提醒注意安全的入口处	
15	当心吊物	当心吊物	有吊装设备作业的场所，如施工工地等	

165

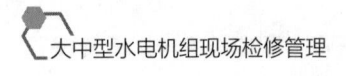

续表

序号	图形符号	名称	配置规范	备注
16	当心机械伤人	当心机械伤人	易发生机械卷入、轧压、碾压、剪切等机械伤害的作业地点	
17	当心爆炸	当心爆炸	爆破作业现场周围	

表 5-10　　　　　　常用指令标志及设置规范序号

序号	图形符号	名称	配置规范	备注
1	必须戴安全帽	必须戴安全帽	生产现场入口处	

第五章 职业健康与环境管理

续表

序号	图形符号	名称	配置规范	备注
2		必须系安全带	易发生坠落危险的高处作业场所，如在高处从事建筑、检修、安装等作业	
3		必须戴防护眼镜	车床、钻床、砂轮机等；焊接和金属切割工作场所；化学处理、使用腐蚀或其他有害物品的场所	
4		必须戴防护帽	易造成人体碾绕伤害或有粉尘污染头部的作业场所，如旋转设备场所、加工车间入口等处	

167

续表

序号	图形符号	名称	配置规范	备注
5	注意通风	注意通风	作业涵洞、电缆隧道、地下洞室入口处；密闭工作场所入口；六氟化硫开关室、蓄电池室、油化验室入口处及其他需要通风的地方	
6	配戴防护手套	必须戴防护手套	易伤害手部的作业场所，如具有腐蚀、污染、灼烫、冰冻及触电危险的作业等处	
7	必须戴防毒面具	必须佩戴防毒面具	存在有毒气体区域或普通防尘口罩无法防护的区域	

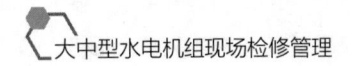

续表

序号	图形符号	名称	配置规范	备注
8	必须戴防尘口罩	必须佩戴防尘口罩	施工过程中易产生粉尘、烟尘等有害气体超标的场所	
9	必须戴护耳器	必须戴护耳器	噪声超标的作业场所	

表 5-11　　　　　　　　常用提示标志及设置规范

序号	图形符号	名称	配置规范	备注
1	从此上下	在此上下	工作人员可以上下的通道、爬梯上	

续表

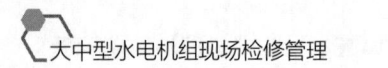

序号	图形符号	名称	配置规范	备注
2	在此工作	在此工作	工作地点或检修设备上	

参 考 文 献

[1] 杨太华，汪洋，张双甜，等．电力工程项目管理［M］．北京：清华大学出版社，2017．
[2] 国家电网有限公司后勤部．国家电网有限公司生产辅助技改、大修项目管理手册［M］．北京：中国电力出版社，2020．
[3] 吴明．工厂现场精细化管理手册［M］．北京：人民邮电出版社，2020．
[4] 李家林，江雨蓉．图说工厂7S管理［M］．北京：人民邮电出版社，2021．
[5] 姚小凤．工作生产计划制订与执行精细化管理手册［M］．北京：人民邮电出版社，2021．
[6] 文森特·威乐斯，托恩·德·科克．刘晓冰，薛方红，王姝婷．译．生产管理高级计划与排程APS系统设计、选型、实施和应用［M］．北京：机械工业出版社，2021．
[7] 乌云娜，巴希．能源电力建设项目网络组合管理体系［M］．北京：中国电力出版社，2014．